地学で役立つ法則と公式

ハッブル＝ルメートルの法則　遠方の銀河ほど遠ざかる速度が速い。 地学

$$v = H \cdot d$$

［v：銀河の遠ざかる速度（後退速度）　H：ハッブル定数　d：銀河までの距離］

恒星の距離　恒星の距離は，年周視差に反比例する。 地学

$$r = \frac{1}{p}$$

$$r = \frac{3.26}{p}$$

［r：恒星の距離（パーセク）　p：年周視差（″）］　　　　［r：恒星の距離（光年）　p：年周視差（″）］

ケプラーの第1法則　惑星は太陽を1つの焦点とする楕円軌道を公転する。 地学

ケプラーの第2法則　惑星は，太陽と惑星を結ぶ線分が，単位時間に一定面積を描くように公転する。

ケプラーの第3法則　惑星と太陽の平均距離aの3乗と，公転周期Pの2乗との比は，どの惑星についても一定である。

$$\frac{a^3}{P^2} = 1$$

［a：惑星と太陽との平均距離（天文単位）　P：惑星の公転周期（年）］

偏平率　赤道半径と極半径から，楕円のつぶれ具合が求められる。

$$\frac{a - b}{a}$$

［a：赤道半径　b：極半径］

走時曲線　走時曲線から地殻の厚さが求められる。 地学

$$d = \frac{l}{2}\sqrt{\frac{V_2 - V_1}{V_2 + V_1}}$$

d：地殻の厚さ（km）　l：震央から屈折点までの距離（km）
V_1：地殻を伝わる地震波の速度（km/s）
V_2：モホ面直下を伝わる地震波の速度（km/s）

大森公式　初期微動継続時間から震源距離が推定できる。

$$D = kt$$

［D：震源距離（km）　t：初期微動継続時間（s）　k：大森係数　6～8 km/s］

$$D = \frac{V_P V_S}{V_P - V_S}t$$

$$k = \frac{V_P V_S}{V_P - V_S}$$

D：震源距離（km）　V_P：P波速度（km/s）
V_S：S波速度（km/s）
t：初期微動継続時間（s）　k：大森係数　6～8

JN109094

相対湿度　飽和水蒸気圧（量）と実際の水蒸気圧（量）から求められる。

$$\frac{b}{a} \times 100\,(\%)$$

［a：ある温度の飽和水蒸気圧（量）　b：実際の水蒸気圧（量）］

凝結高度　空気塊の気温と露点から凝結高度（雲ができ始める高さ）が求められる。 地学

$$H = 125(T - t)$$

［H：凝結高度（m）　T：空気塊の地表での気温（℃）　t：露点（℃）］

本書の構成と利用法

　本書は，『地学基礎』科目の学習書として，高校地学の内容を系統的に理解し，さらに，問題の解法を確実に体得できるよう編集してあります。したがって，本書を教科書と併用することによって，学習効果を高めることができます。問題は，センター試験，共通テスト，二次試験問題などを中心に良問を取り上げ，最新の入試問題からも積極的に収録しています。

　また，知識・技能を特に要する問題には 知識，思考力・判断力・表現力を養える問題には 思考，論述問題には 論述 のマークを付しています。

※問題の出典は，以下のように略称で示しています。
センター試験：大学入試センター試験，共通テスト：大学入学共通テスト，高卒認定試験：高等学校卒業程度認定試験

図や表を用いて高校地学の必須事項をわかりやすく系統的にまとめています。特に重要なポイントは赤で示し，適確に把握できるようにしています。

まとめの後に設け，重要事項を確認できる簡単な問題で構成しています。正解を下に示しているので，自分の解答をすぐにチェックできます。

（プロセス56題）

文章や図を選ぶ問題などを中心に，基礎的な知識を確認できる問題を取り上げました。

（確認問題53題）

典型的な問題を取り上げ，考え方と解法を丁寧に示しました。様々な形式の問題を解くことにより，解法を身につけることができます。

（例題38題）

基本的・典型的な問題を取り上げ，学習内容の理解と定着をはかれるようにしました。

（基本問題90題）

やや難易度の高い，発展的な問題を厳選して取り上げています。

（発展問題69題）

チャレンジ問題

『地学基礎』の理解を深めるために必要と考えられる『地学』で扱われる学習事項を取り上げています。

（チャレンジ問題12題）

特別演習

思考力・判断力・表現力を養える問題で構成しました。各節では扱いにくい分野横断型の問題も取り上げ，実践力を身に付けられます。（特別演習5題）

別冊解答を用意し，「正解」のほかに丁寧な「解説」や「補足」を掲載しています。

本書の大学入試問題の解答・解説は弊社で作成したものであり，大学から公表されたものではありません。

目 次

■学習支援サイト(プラスウェブ)のご案内

スマートフォンやタブレット端末機などを使って，以下のコンテンツにアクセスすることができます。　https://dg-w.jp/b/af00001

❶例題の解説動画
❷大学入学共通テストの分析と対策

［注意］　コンテンツの利用に際しては，一般に，通信料が発生します。

第1章　地球のすがた

1 地球の概観

1 地球の形と大きさ

❶地表のようす　大部分は平坦な地形をしている。

	面積比	高さ・深さ	
		平均	最高・最深
陸地	約30%	約0.8km	約8.8km
海洋	約70%	約3.7km	約11km

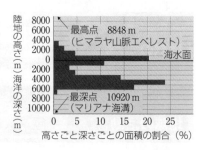

❷地球の大きさ　紀元前3世紀，エラトステネス
は，地球の周囲の長さを約45000kmと求めた。

- **エラトステネスの測定法**
  (1)地球が完全な球であり，**2地点が同一経度**
  （同一子午線上）であると仮定した。
  (2)観測によって求めた太陽の南中高度*の差を
  もとに，2地点の緯度**差を明らかにした。
  (3)**2地点の緯度差(7.2°)と距離(900km)**をも
  とに比例計算(7.2:900＝360:x)を行った。

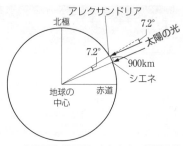

実際の地球の周囲	約40000km
地球の半径	約6400km

*ある天体が真南にきたとき，観測者が
地平線からその天体を見上げたときの
角度
**その地点の鉛直線と赤道面のなす角度

❸地球の形　紀元前4世紀，アリストテレスは，月食のときに月に映る地球の影が丸いこ
とや，北や南へ行くと見える星座が異なることなどから，地球は球形であると考えた。
17世紀，ニュートンは，自転のため地球は赤道方向に膨らんでいることを理論的に示し，
18世紀にフランス学士院が測量によってこの考えを証明した。

　地球の赤道半径と極半径をもつ楕円を，自転軸で回転させてできる回転楕円体を地球
楕円体という。

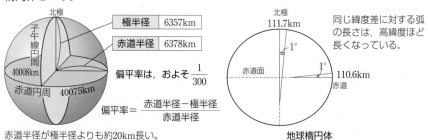

地球楕円体

2 地球の内部構造

❶地球の層構造と構成物質　構成物質の種類と性質に基づき，4層に区分される。

(a)地殻　地球の体積の約1.6%にすぎない。

	大陸地殻	海洋地殻
厚さ	厚い (30〜50km)	薄い (6〜8km)
岩石	上部…花こう岩質 下部…玄武岩質	玄武岩質
密度	小さい (約2.7g/cm³)	大きい (約3.0g/cm³)

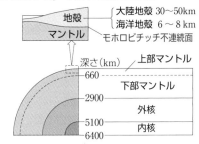

● 地殻とマントルの境界は，発見者の名前からモホロビチッチ不連続面(モホ面)とよばれる。

(b)マントル　地球の体積の約83%を占める。

上部 マントル	地殻よりも密度が大きい，かんらん岩からなる
下部 マントル	高い圧力のため，上部マントルよりも密度が大きい岩石からなる

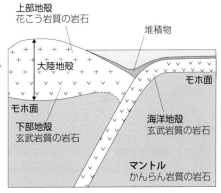

(c)核　主に鉄，次いでニッケルからなる。地球の冷却に伴って，中心部は固化した。

外核	液体の状態
内核	固体の状態

❷リソスフェアとアセノスフェア

(a)リソスフェア　地殻とマントル最上部からなる硬い岩石層をいう。地域的に分割され，その1つ1つをプレートという。

(b)アセノスフェア　リソスフェアの下，厚さ100〜150km部分のマントルをいう。リソスフェアに比べて高温でやわらかい。

❸プルーム　マントルは固体であるが極めて長い時間で見ると流動する。マントルは対流によって熱を伝えており，高温で密度の小さい柱状の上昇流(プルーム)や，大陸の下では低温で密度の大きい物質の沈み込みが確認されている。

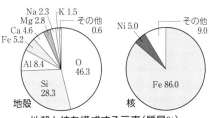

地殻と核を構成する元素(質量%)

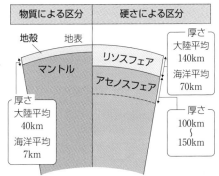

1 次の文中の（　　　）に適する数値を語群から選べ。

地球表面に陸地が占める割合はおよそ（　1　）％で，陸地の平均の高さは約（　2　）km，また最高点の高さは約（　3　）km である。

〔語群〕　1　　4　　9　　11　　30　　70

2 次の文章中の（　　　）に適する数値や語句を答えよ。

古代ギリシャの（　1　）は，月食のときに（　2　）に映る地球の影などを証拠にして地球は球形であると説明した。また，エジプトでは，（　3　）が 2 地点間の距離と（　4　）の南中高度差から，地球の周囲の長さを求めた。イギリスの（　5　）は，地球は（　6　）しているため，赤道方向に膨らんだ回転楕円体であると考えた。

地球は，周囲の長さが約（　7　）km で半径が約（　8　）km の球体に近く，赤道半径が極半径よりも約（　9　）km 長い回転楕円体である。

3 次の文章中の（　　　）に適する数値や語句を答えよ。

地球の内部は，構成物質と状態にもとづいて，表面から地殻，マントル，外核，内核に区分される。地殻は，大陸地域では（　1　）質岩石や玄武岩質岩石から，海洋地域ではほとんどが（　2　）質岩石からできており，大陸地殻は海洋地殻に比べて密度が（　3　）い。マントルの上部は（　4　）からできており，密度は地殻よりも（　5　）い。外核と内核は主に（　6　）からできているが，（　7　）では液体状態となっている。なお，地殻とマントルの境界はクロアチアの（　8　）によって発見された。また，マントルと核の境界は深さ約（　9　）km にある。

4 次の文章中の（　　　）に適する語句を答えよ。

地球の内部を，運動や硬さにもとづいて区分すると，地殻とマントルの最上部からなる硬い部分は（　1　），その下のマントルの流動しやすい部分は（　2　）と呼ばれる。

（　1　）はいくつかの地域に分かれており，その 1 枚 1 枚を（　3　）という。その厚さは，大陸部の方が海洋部よりも（　4　）い。（　1　）の下のマントルは，長い時間をかけて対流している。例えば，アフリカ大陸の下のマントルには周囲に比べて密度の小さい領域があり，（　5　）と呼ばれる高温の上昇流が生じていると考えられている。

解答 ......

1 (1) 30　(2) 1　(3) 9

2 (1)アリストテレス　(2)月　(3)エラトステネス　(4)太陽　(5)ニュートン　(6)自転　(7) 40000　(8) 6400
(9) 20

3 (1)花こう岩　(2)玄武岩　(3)小さ（低）　(4)かんらん岩　(5)大き（高）　(6)鉄　(7)外核
(8)モホロビチッチ　(9) 2900

4 (1)リソスフェア　(2)アセノスフェア　(3)プレート　(4)厚　(5)プルーム

┅┅┅┅┅┅┅┅┅┅┅┅┅┅┅┅|確|認|問|題|┅┅┅┅┅┅┅┅┅┅┅┅┅┅

1. 知識 **地球の形**◆地球の形状に関する文として最も適当なものを，次の①～④から１つ選べ。

① 緯度差1°あたりの子午線の弧の長さは，赤道よりも極の方が短い。

② 地球は回転楕円体であるために，太陽の南中高度が季節によって変化する。

③ 海洋の平均水深は，約2000mである。

④ 赤道半径は，極半径よりも長い。　　　　　　　　　　　（16　センター試験追試）

2. 知識 **地球の内部**◆地球内部の構造に関する文として最も適当なものを，次の①～④から１つ選べ。

① 地殻の厚さは，海洋地域の方が大陸地域よりも厚い。

② アセノスフェアは，主に地殻とマントルの上部から構成される。

③ マントルの上部は，主にかんらん岩からできている。

④ 核は，固体の外核と液体の内核からなる。　　　　　　　（19　センター試験追試）

3. 知識 **地殻とマントル**◆地殻やマントルに関する文として最も適当なものを，次の①～④から１つ選べ。

① リソスフェアは，アセノスフェアよりもやわらかく流動しやすい。

② アセノスフェアは，リソスフェアよりも下のマントル全体である。

③ 大陸地殻とその下にあるマントルは，同じ種類の岩石からなり，その化学組成は連続的に変化している。

④ 大陸地殻は，一般に海洋地殻よりも，その厚さは厚く，平均的な密度が小さい。

　　　　　　　　　　　（18　センター試験本試，15　センター試験追試）

4. 知識 **マントルと核**◆マントルや核に関する文として最も適当なものを，次の①～④から１つ選べ。

① マントルは液体であり，対流している。

② マントルは主に金属からできている。

③ 内核は高温のために液体となっている。

④ 外核と内核を構成する主な元素は同じである。　　　　　（18　センター試験追試）

5. 知識 **核の大きさ**◆地球全体に対する核の大きさを表した断面図として最も適当なものを，次の①～④から１つ選べ。ただし，灰色の領域は核を，実線は地球の表面を表し，断面は地球の中心を通る。　　　　　　　　　　　（18　センター試験本試）

① 　② 　③ 　④

例題1　地球の大きさ 知識 　　　　　　　　　　　　　　　　　　→問題7, 10

同一経線上にある2地点の緯度差が6°で，2地点間の距離が670kmのとき，地球の周囲の長さを求めよ。ただし，地球を完全な球と考える。

考え方　地球を完全な球と考えると，2地点間の距離は，地球の中心を中心とした扇形の円弧の長さになる。また，2地点が同一経線上にあれば，扇形の中心角は，2地点の緯度差になる。したがって，次のような比例関係が成り立つ。

緯度差6°：距離670km＝360°：地球の周囲の長さ

よって，地球の周囲の長さ＝$\dfrac{670 \times 360}{6}$＝40200km

解答　40200km

例題2　偏平率 知識 　　　　　　　　　　　　　　　　　　　　→問題7, 12

回転楕円体のつぶれ具合は偏平率といい，地球の偏平率は約$\dfrac{1}{300}$であることが知られている。ここで，土星の赤道半径を60000km，極半径を54000kmとする。

(1)　土星の偏平率はいくらか。分数の形で答えよ。

(2)　地球と土星の形状を比較したとき，球に近いのは地球と土星のどちらであるか。

（19　高卒認定試験　改）

考え方　(1)　土星の偏平率は次のように求められる。

偏平率＝$\dfrac{赤道半径－極半径}{赤道半径}$＝$\dfrac{60000-54000}{60000}$

(2)　完全な球体の場合は，赤道半径と極半径が等しくなり，偏平率は0となる。つまり，偏平率が小さいほど球に近づく。

解答　(1)　$\dfrac{1}{10}$　　(2)　地球

例題3　地球の内部構造 知識 　　　　　　　　　　　　　　　　→問題9, 14

マントルと核の境界は地表から2900kmのところにある。地球の半径を6400kmとすると，核の体積は地球全体の体積のおよそ何％になるか。最も適当なものを，次から1つ選べ。なお，球の体積は，半径の3乗に比例する。

{　　16%　　　　25%　　　　36%　　　　49%　　}

（16　高卒認定試験　改）

考え方　核は，地表から深さ2900km～6400kmの部分からなるので，半径3500kmの球体と考えることができる。すると，地球全体の体積に対する核の体積の割合は，

$$\frac{核の体積}{地球全体の体積}＝\frac{\frac{4}{3}\pi \cdot 3500^3}{\frac{4}{3}\pi \cdot 6400^3}＝\frac{3500^3}{6400^3}＝0.163 \cdots となる。$$

解答　16%

|基|本|問|題|

知識
6. 地球の形 ●次の文章を読み，下の各問いに答えよ。

現在のように宇宙から地球を観測できない時代では，地球が丸いことをさまざまな観測事実をもとに推定していた。18世紀，フランス学士院が緯度差1度に対する子午線弧（経線弧）の長さを測定して，地球の形が赤道方向に膨らんだ楕円体であることを明らかにした。

フランス学士院が測定した地域

(1) 紀元前の古代ギリシャで考えられていた地球が丸い証拠として最も適当なものを，次の①～④から1つ選べ。

  ① 月食によって月が欠けた形
  ② 日食によって太陽が欠けた形
  ③ 月の満ち欠けによって月が欠けた形
  ④ 金星の満ち欠けによって金星が欠けた形

(2) 図のフィンランド，フランス，エクアドルのうちで，緯度差1度に対する子午線弧の長さが最も長いのはどこか，1つ選べ。

(17 高卒認定試験 改)

思考
7. 地球の形と大きさ ●次の文章を読み，下の各問いに答えよ。

古代ギリシャでは地球が丸い（球形である）ことが知られており，実際にその大きさを測定するものまで現れた。はじめて地球の大きさを見積もったのは，紀元前3世紀頃に活躍したエラトステネスである。彼は，現在のエジプト南部にあった都市シエネで夏至にちょうど太陽が真上に来ること，シエネのほぼ真北にあるアレクサンドリアにおいて夏至の太陽の南中時の高度が約82.8度であること，両都市の間は約5000スタジア（約925km）であることから，地球の大きさを概算することに成功した。

(1) 地球を球とみなすと，シエネおよびアレクサンドリアの緯度はそれぞれ何度か。なお，この時代の自転軸の傾きは23.7度とする。

  ① 7.2   ② 23.7   ③ 30.9   ④ 59.1   ⑤ 82.8

(2) 地球を球とみなすと，エラトステネスの計算では，地球の外周は約何kmになるか。

  ① 38000km   ② 40000km   ③ 42000km   ④ 44000km   ⑤ 46000km

(3) 実際の地球は，自転軸方向につぶれた回転楕円体に近い形をしている。地球を下の図の大きさに縮小した場合，地球の形に近いものを1つ選べ。

  ①   ②   ③   ④

(15 岡山理科大 改)

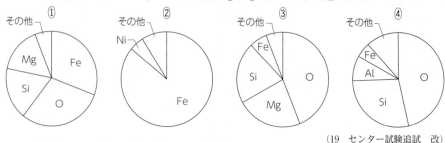

8. 【知識】**地球の構成元素**●地球の内部は，構成している物質の化学組成の違いによって，地殻，マントルおよび核に分けられる。大陸地殻と核を構成する元素の割合（質量%）を表したグラフとして最も適当なものを，それぞれ次の①～④から1つずつ選べ。

(19 センター試験追試 改)

9. 【思考】**地球の内部と構成物質**●次の会話文を読み，下の各問いに答えよ。

T先生：地球の表面から中心までは約6400kmでしたね。この地球の内部の構造について復習しましょう。

Aさん：確か，4つの層に分けることができます。

T先生：そうですね。では，表面から順に見ていきましょう。大陸地域と海洋地域では，地殻の様子が違いましたね。

Bさん：はい。(A)大陸地殻は（　ア　）質の岩石からなる下部地殻の上に上部地殻が重なり，海洋地殻よりも厚くなっています。

T先生：地殻の下には，マントルと呼ばれる領域が深さ約2900kmまで続いていますが，マントルにはどのような特徴があるか覚えていますか。

Bさん：マントルでは，深くなるほど（　イ　）が高くなるので岩石の結晶構造が変化し，岩石の密度が大きくなっています。

T先生：そのとおりです。(B)地球全体で見ても，深部ほど密度が大きい物質からできており，中心部は主に鉄からなります。

Aさん：外核と内核と呼ばれる領域ですね。外核は液体ですが，内核は固体で状態が異なります。内核は地球の（　ウ　）に伴って徐々に固化することで，大きくなってきました。

(1) 会話文中の空欄（ア）～（ウ）に適する語句を，それぞれ次から1つずつ選べ。

ア…{　かんらん岩　　　玄武岩　　　安山岩　　　花こう岩　}

イ…{　温度　　　圧力　　　流動性　}

ウ…{　加熱　　　冷却　　　膨張　　　収縮　}

(2) 下線部(A)に関連して，大陸地殻の厚さとして最も適当なものを次から1つ選べ。

{　6～8km　　　30～50km　　　10～100km　　　100～200km　}

(3) 下線部(B)に関連して，大陸地殻の平均密度として最も適当なものを次から1つ選べ。

{　1.0g/cm³　　　2.7g/cm³　　　4.5g/cm³　　　5.5g/cm³　}

(4) T先生の話をもとにして，核の半径が約何kmになるか計算して求めよ。

発展問題

思考

10. 地球の大きさ 次の文章を読み，下の各問いに答えよ。

　紀元前230年頃，ギリシャのエラトステネスは，地球が球であると仮定して，エジプトのアレクサンドリアとシエネ（現アスワン）の夏至の日の (a)太陽の南中高度の違いと距離から，地球全周（周囲の長さ）を求めた。現在では，人工衛星を利用した測位決定システムであるGPSを用いて，緯度と経度を知ることができる。そこで，エラトステネスと同じ方法で，地球の全周を測ることにした。 (b)一直線に歩いて，GPS機能付きのスマートフォンで，位置情報の最小単位である $1''$（$1°$ の $\frac{1}{3600}$）だけ変化するまでの距離を巻き尺で測ると $0.031\,\mathrm{km}$（$31\,\mathrm{m}$）であった。

（15　高卒認定試験　改）

(1) 下線部(a)の太陽の南中高度に関して述べた文として最も適当なものを，次の①〜④のうちから1つ選べ。

　① 北半球では緯度が高いほど，太陽の南中高度が高い。

　② 日本では一部の地域を除いて，太陽の南中高度が最も高いのは，夏至の日である。

　③ 北半球では，春分の日の太陽の南中高度は緯度と等しい。

　④ 赤道上の太陽の南中高度は年間を通じて $90°$ である。

(2) 下線部(b)の距離の測定方法として最も適当なものを，次の①〜④のうちから1つ選べ。

　① 南東から北西方向に歩いた距離と，北東から南西に歩いた距離の平均を取る。

　② 東西方向に歩いた距離と，南北方向に歩いた距離の平均を取る。

　③ 南北方向に歩く。

　④ 東西方向に歩く。

(3) 下線部(b)の測定値を用いて，地球の半径（km）を求めよ。円周率を3.1とする。

知識

11. 地球の形 地球の形状に関する文として最も適当なものを，次の①〜④から1つ選べ。

① 地球全域で標高や水深の値は，赤道半径と極半径の差よりも小さい。

② 北極星の高度は，東京よりも北海道の方が低い。

③ 18世紀に，赤道に沿って測量が行われ，地球が赤道方向に膨らんでいると証明された。

④ 国土地理院発行の5万分の1地形図は，南北の緯度差 $\frac{1}{6}°$ の範囲が示されているが，地形図の南北（縦）の長さは日本全国どの地形図でも同じである。

思考 **論述**

12. 偏平率 次の文章を読み，下の各問いに答えよ。

　自転の影響で，地球は赤道方向に膨らんだ回転楕円体となっており，偏平率はおよそ $\frac{1}{300}$ である。一方，地球型惑星の1つである金星を見ると，大きさや内部構造は地球に近いが，赤道方向の膨らみはほとんどみられず，偏平率は地球よりも小さい。

(1) 地球楕円体の模型をつくるとき，赤道半径を $60\,\mathrm{cm}$ にすると，赤道半径と極半径の差は何 cm になるか。

(2) 金星の偏平率が地球よりも小さい理由は，自転速度に注目した場合，どのように考えられるか。15字以内で簡潔に説明せよ。

（16　北海道大，18　日本大　改）

思考

13. 地殻の化学組成 ■次の文章を読み，下の各問いに答えよ。

大陸地殻の化学組成は，1920年代に数人の研究者によって推定された。全く異なった方法で推定されたにもかかわらず，これらの推定値はよく一致している。右の表は推定値の1つを示したものである。原子量は O＝16，Al＝27，Si＝28 とせよ。

大陸地殻の化学組成(質量%)	
SiO_2	60.18
Al_2O_3	15.61
FeO	7.02
MgO	3.56
その他	13.63
合計	100.00

(1) SiO_2 に占める Si の質量の割合は何%か。小数以下を四捨五入して整数で答えよ。

(2) 大陸地殻を構成する元素のうち，O，Al，Si を質量%で多い順に並べた組合せとして最も適当なものを，次の①〜⑥のうちから1つ選べ。

	多い	←	少ない		多い	←	少ない
①	O	Al	Si	②	O	Si	Al
③	Al	Si	O	④	Al	O	Si
⑤	Si	O	Al	⑥	Si	Al	O

(08　センター試験本試　改)

思考

14. マントルの体積 ■半径 6400 km の地球全体から見ると，地殻は薄い層をしており，地球の全体積の1.6%を占めるにすぎない。地殻の下にあるマントルは深さ 2900 km まで続いており，地球の全体積のかなりの部分を占める。

(1) 地殻とマントルの境界面を何というか。

(2) マントルが地球の全体積に占める割合として，最も適当なものを次から1つ選べ。

①　35%　　②　50%　　③　65%　　④　80%　　(16　山口大　改)

知識

15. 核の密度 ■地球の平均密度は，地球全体の質量(6.0×10^{27} g)と体積(1.1×10^{27} cm³)から求めることができる。地殻とマントルをあわせた部分の体積と平均密度を，それぞれ 9.2×10^{26} cm³ および 4.5 g/cm³ とすると，核の平均密度は何 g/cm³ であるか。小数以下を四捨五入し整数で答えよ。

(15　センター試験追試　改)

思考 **論述**

16. 地球表層の区分と内部の動き ■地球表層は，岩石の硬さに着目すると，リソスフェアとアセノスフェアの2つの層に区分される。そのうち，リソスフェアは(　　　)によって細分されており，その1つ1つがプレートと呼ばれる。

地球内部のマントルは，固体ではあるが高温のため，(A)極めて長い時間で見ると流動している。この動きによって，地球中心の熱が表面に運ばれている。例えば，ハワイの下のマントルには(B)プルームと呼ばれる上昇流があると考えられている。

(1) (　　　)に入る語として最も適当なものを，次から1つ選べ。

{　温度　　硬さ　　地域　　移動速度　}

(2) マントル中にみられる，下線部(A)のような熱の伝わり方を何というか。

(3) 下線部(B)のプルームとは何か，次の語を**すべて用いて**，30字以内で説明せよ。

{　温度　　密度　　周囲　　柱状　}

10　1章　地球のすがた

チャレンジ問題 **1** 「地学」に挑戦

challenge

▶▶アイソスタシー

　マントル内のある深さ(均衡面)では，一定面積にかかる荷重が等しくなっている。この状態をアイソスタシーという。大陸部では，密度の小さい地殻が厚く，均衡面から地表までの厚さも厚い。海洋部では，密度の大きい地殻が薄く，均衡面から海面までの厚さも薄い。

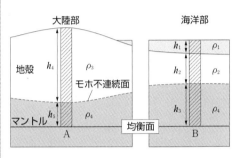

ρ_1：海水の密度
ρ_2：海洋地殻の密度
ρ_3：大陸地殻の密度
ρ_4：上部のマントルの密度
h_1：海の深さ
h_2：海洋地殻の厚さ
h_3：海洋部のモホロビチッチ不連続面から
　　　均衡面までの深さ
h_4：大陸地殻の厚さ
h_5：大陸部のモホロビチッチ不連続面から
　　　均衡面までの深さ

A，Bでの荷重は等しく，$\rho_3 h_4 + \rho_4 h_5 = \rho_1 h_1 + \rho_2 h_2 + \rho_3 h_3$ が成り立つ。

(知識)
アイソスタシー◆次の各問いに答えよ。

(1)　スカンジナビア地方は，約2万年前には厚さ3000mの氷床に覆われていたが，現在は氷床が溶け去って隆起している。アイソスタシーが成り立ち，氷床の重さの分だけ隆起が起こるとすると，隆起量は何mになるか。氷床の密度を$0.90\,\mathrm{g/cm^3}$，マントルの密度を$3.3\,\mathrm{g/cm^3}$として求めよ。小数点以下は切り捨てて答えよ。

(2)　図は海洋中央部にある火山島で，海面下5.0kmの海洋底から立ち上がり，海面から4.0kmの高さの山頂には玄武岩質マグマの溶岩湖がある。図のような，マグマの通路と，マグマ供給層(部分溶融帯)があると考えると，マグマ供給層の上面での，マグマの質量，周囲の海水+岩石の質量は等しいと考えられる。玄武岩質マグマの密度$2.7\,\mathrm{g/cm^3}$，海水の密度$1.0\,\mathrm{g/cm^3}$，海洋地殻の岩石の密度$2.9\,\mathrm{g/cm^3}$，マントルの密度$3.2\,\mathrm{g/cm^3}$とすると，海面からマグマ供給層の上面までの深さxは何kmになるか。なお，大気や火山体の質量は無視すること。

（10　東北大　改）

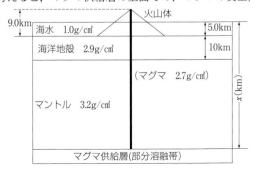

2 | プレートの運動

1 プレートの運動

❶プレートの動き 海洋プレートと大陸プレートがあり，現在の動きは，天体や人工衛星を利用して測定されており，それぞれの方向に**1年間に数cm**の速さで動いている。過去の動きは，海洋プレートの形成年代と中央海嶺からの距離で求めることができる。また，ハワイ諸島—天皇海山列のような，プレートがホットスポット上を動くことで形成される**火山島**や**海山列**の形成年代と，その位置関係からも知ることができる。

(a)**海洋プレート** 中央海嶺でアセノスフェアの物質が湧き上がって生まれ，中央海嶺から両側に広がってしだいに厚くなる。密度は大きく，海溝・トラフで地球内部に沈み込む。中央海嶺での厚さは約**10km**と最も薄く，平均の厚さは約**70km**である。

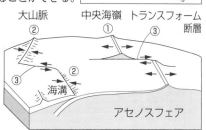

(b)**大陸プレート** 密度は小さく，地球内部に沈み込むことはない。厚さは**100～200km**，平均は**140km**と厚い。

(c)**プレートの境界〈3つの形式〉**

①発散境界		海洋プレートと海洋プレート	中央海嶺
		大陸プレートと大陸プレート	地溝帯
②収束境界	運動の向き	海洋プレートと大陸プレート	海溝・トラフ
		海洋プレートと海洋プレート	
		大陸プレートと大陸プレート	大山脈
③すれ違い境界		海洋プレートの中央海嶺など	トランスフォーム断層

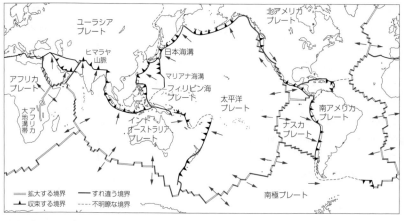

2 地殻の変動と地質構造

❶**断層**　地層や岩石が破断し，その破断面に沿って両側がずれているところを断層という。くり返し動くと，直線状の山地と平地の境界，谷地形などがつくられる。

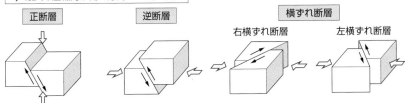

⇨ 最大の圧縮力が働く方向　→ 動く向き

正断層	逆断層	横ずれ断層

右横ずれ断層　　左横ずれ断層

地層や岩石が
水平方向に伸張

地層や岩石が
水平方向に短縮

地層や岩石が水平のある方向に短縮し，それと直交する方向に伸張する

❷**褶曲**　圧縮力を長期間にわたって受け，徐々に地層や岩石が波状に変形した構造を褶曲という。曲がりが最大の点を連ねた線を褶曲軸という。褶曲の，上に盛り上がった部分を背斜，下に凹んだ部分を向斜と呼ぶ。

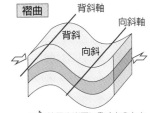

褶曲　　背斜軸　　向斜軸
背斜　向斜
⇨ 地層や岩石に働く力の向き

❸**隆起と沈降**　日本の山地の多くは，地下深部でつくられた岩石や海底に堆積した地層が隆起してできたものである。日本列島は水平方向に圧縮されているので大部分が隆起傾向である。一方，平野など一部の地域は沈降傾向にある。隆起している山地では侵食作用が，沈降している平野では堆積作用が卓越している。

3 変成作用

❶**変成作用**　火成岩や堆積岩が地下で高温・高圧のもとに長期間おかれ，固体のままで組織や造岩鉱物が変化することを変成作用といい，この作用で生じた岩石を変成岩という。

● 変成作用の温度と圧力　温度…200〜800℃　圧力… 1 億〜10億 Pa（1000〜10000気圧）

(a)**広域変成作用**　造山帯においてプレート境界に平行に，帯状に広く分布する変成岩を広域変成岩という。広域変成岩は，地下深いところで形成される。

〈例〉

片岩	片麻岩
板状や柱状の鉱物が，高圧を受け一定方向に配列した片状組織（片理）がみられる。	粗い粒状の鉱物が，高温によって白と黒の縞模様（片麻状組織）をつくっている。

(b)**接触変成作用**　貫入したマグマの熱によって，変成を受けて生じた岩石を接触変成岩といい，花こう岩体などの周囲で幅数 km 以内のところで形成される。新たに生じた鉱物の配列は，方向性をもたない。

〈例〉

ホルンフェルス	泥岩，砂岩などが変成したもの。硬くて緻密な組織をもつ。
結晶質石灰岩（大理石）	石灰岩が変成したもの。ほとんど方解石の結晶からなる緻密な粒状の集合体。

4 大地形の形成

❶造山帯と造山運動　地層や岩石が断層や褶曲によって激しく変形し，複雑な地質構造を示している地帯を造山帯といい，造山帯をつくる地殻変動を造山運動という。造山帯はプレートの収束境界に形成される。アルプスやヒマラヤ山脈，環太平洋地域は，現在も変動を続けている。ウラル山脈やアパラチア山脈は，古い時代の造山帯にあたっており，現在は侵食されて低い山脈になっている。

(a)**アルプスやヒマラヤ地域**　大陸プレートどうしが衝突し，一方の大陸プレートが他方の大陸プレートの下にもぐり込んでいて，海洋で堆積した地層などとともに隆起して大山脈が形成されている。

(b)**環太平洋地域**　大陸プレートの下に海洋プレートが沈み込み，海洋プレート上部の堆積物などがはぎ取られて大陸プレートの縁に付加体として付け加わり，しだいに隆起して大山脈が形成されている。海洋プレートの沈み込みに伴い，火山活動も生じる。南アメリカ大陸の縁に形成されたアンデス山脈のような山脈を陸弧という。また，日本列島はユーラシア大陸の陸弧として形成されたが，その後，大陸との間に海が形成され島弧（弧状列島）となった。陸弧や島弧では，火山や地震活動が活発である。

(a)アルプスやヒマラヤ地域

(b)環太平洋地域

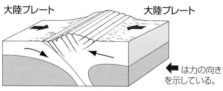

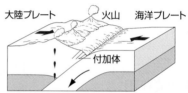

大陸プレートどうしの衝突によって，大陸プレートが重なり合って隆起し，山脈が形成される。

海洋プレートの沈み込みに伴って生じた付加体の隆起と火山活動によって島弧が成長する。

❷複雑な地質構造　プレートの収束境界では，地層や岩石が水平方向に押し縮められ，鉛直方向に積み重なった構造になる。

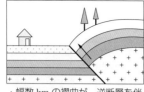

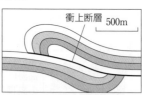

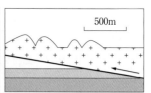

・幅数 km の褶曲が，逆断層を伴って発達。
・逆断層の上盤に幅数十 m の褶曲が形成。

・褶曲の作用が強く進行すると，地層が折りたたまれ，低角度の逆断層（衝上断層）が形成される。

・衝上断層が発達すると，断層が挟んで全く年代の異なる地層が接する。

1 次の文章中の（　　　）に適する語句を答えよ。

地球の表面を覆うプレートには，海洋プレートと大陸プレートがあり，それぞれの方向に1年に（　1　）の速さで動いている。海洋プレートは平均の厚さが約（　2　）kmで，（　3　）で生まれ（　4　）・トラフで地球内部に沈み込む。大陸プレートは平均の厚さが約（　5　）kmで，（　6　）が小さく地球内部に沈み込むことはない。プレートの境界には3つの形式があり，中央海嶺は（　7　）境界，海溝・トラフは（　8　）境界，トランスフォーム断層は（　9　）境界である。

2 次の文章中の（　　　）に適する語句を答えよ。

断層は地層や岩石が大きな力を受けて形成される。水平方向に短縮され上盤が上にずれるのが（　1　）断層，水平方向に伸張され上盤が下にずれるのが（　2　）断層，ある方向に短縮しそれと直交する方向に伸張して水平にずれるのが（　3　）断層である。また，褶曲は，未固結な地層などが（　4　）力を受けて形成される。

3 次の文章中の（　　　）に適する語句を答えよ。

広域変成岩のうち，無色鉱物に富む白色部と有色鉱物に富む暗色部からなる縞状の構造をもつものを（　1　）という。一方，鉱物が一定方向に配列し，特定の方向に薄く割れやすい性質をもつものを（　2　）という。接触変成岩のうち，砂岩や泥岩が変成して，硬くて緻密な組織をもつものを（　3　）といい，石灰岩が変成し，方解石の結晶からなるものを（　4　）という。

（問）　下図は顕微鏡下でのスケッチである。(1)，(2)，(4)に対応するものを選べ。

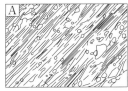

1mm

4 次の文章中の（　　　）に適する語句を答えよ。

現在も活動を続けている造山帯のうち，アルプスやヒマラヤ地域では，（　1　）と（　1　）が衝突している。また，環太平洋地域では，（　1　）の下に（　2　）が沈み込み，海底の物質ははぎ取られ，大陸起源の堆積物などとともに（　1　）に付け加えられて（　3　）となる。

解答

1 (1)数cm　(2)70　(3)中央海嶺　(4)海溝　(5)140　(6)密度　(7)発散　(8)収束　(9)すれ違い
2 (1)逆　(2)正　(3)横ずれ　(4)圧縮（圧縮する）　**3** (1)片麻岩　(2)片岩　(3)ホルンフェルス
(4)結晶質石灰岩（大理石）　　（問）　(1)—B　(2)—A　(4)—C　**4** (1)大陸プレート　(2)海洋プレート
(3)付加体

[知識]
17. プレートの動く速さ◆図は，中央海嶺でのプレートの動きを示した模式図である。

図のA点は，中央海嶺の中軸部から28kmの海洋地殻上の測定点である。A点の火山岩の形成年代は80万年前と測定されている。80万年前から現在まで，プレートは1年あたり何cm動いているかを求めよ。

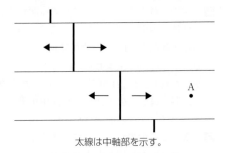

太線は中軸部を示す。

[知識]
18. プレートの境界◆図は，日本付近のプレートの模式図である。琉球諸島はプレートCとAの境界のA側，小笠原諸島はプレートCとDの境界のC側にある。プレートの境界アの断面図として最も適当なものを，次の①〜④の図から1つ選べ。ただし，各図とも左がプレートC，右がプレートDを示している。

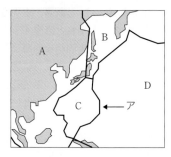

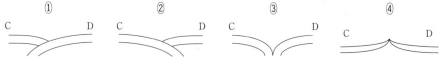

[知識]
19. 断層◆図のア〜ウは，地表に現れている断層を模式的に示したものである。この地域は東西方向の圧縮する力が強く，断層は，地層や岩石が東西の方向に短縮し，南北の方向に伸張する状況で生じている。左横ずれ断層を示したものとして最も適当なものを，ア〜ウから1つ選び，記号で答えよ。

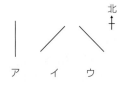

[知識]
20. プレートテクトニクス◆プレートテクトニクスの考え方によって説明される事柄として**適当でない**ものを，次の①〜④のうちから1つ選べ。
① アイスランドにはギャオと呼ばれる大地の裂け目がある。
② ヒマラヤ山脈やアルプス山脈のような大山脈が存在する。
③ 日本列島のような島弧では地震や火山の活動が活発である。
④ ハワイ島のようなホットスポットが形成される。

(20　センター試験本試)

例題4　プレートの運動 [知識]　　　　　　　　　⇒問題22, 23, 24

　プレートの運動に関する次の問いに答えよ。

　右図は，南北アメリカ大陸の両側に広がる海洋底について，その形成年代の分布を示した地図である。

(1)　領域a〜cについて，プレートの平均拡大速度の大きな順に並べよ。

　　ただし，各領域の長辺方向の距離は，aとbは等しく，cはaの2倍であるとする。

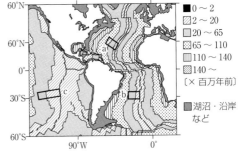

■ 0〜2
▨ 2〜20
▦ 20〜65
▩ 65〜110
▥ 110〜140
▨ 140〜
〔×百万年前〕

▨ 湖沼・沿岸など

図　海洋底の形成年代の分布

(2)　図の南緯30度での断面図として最も適当なものを，次の①〜④から1つ選べ。ただし，断面図は左が西である。

(16, 18　センター試験追試)

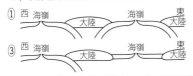

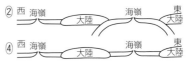

■ **考え方**　(1)　海洋プレートは中央海嶺から両側へ移動し，中央海嶺から同じ距離の海底では，形成年代が新しいほど移動する速さは速い。
　　　　　　(2)　南アメリカ大陸とアフリカ大陸の大西洋岸は，プレートの収束境界ではない。

■ **解答**　(1)　c→b→a　　(2)　③

例題5　プレートの運動 [知識]　　　　　　　　　⇒問題21, 30, 31

　図は，ハワイ諸島〜天皇海山列の分布を示している。ハワイ島は火山活動があり，現在ホットスポットの上に位置している。火山島や海山の列は，ホットスポットによる火山活動と太平洋プレートの移動によって形成されたと考えられている。ハワイのホットスポットの位置は変化しなかったとして，次の各問いに答えよ。

(1)　推古海山ができたとき，太平洋プレートの移動していた方向を，十六方位で答えよ。

(2)　ネッカー島ができたとき，太平洋プレートの移動していた方向を，十六方位で答えよ。

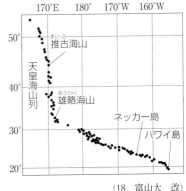

天皇海山列

推古海山（すいこ）
雄略海山（ゆうりゃく）
ネッカー島
ハワイ島

(18　富山大　改)

■ **考え方**　プレートが動いてできた新たな火山島から1つ前の火山島への方向が，火山島ができたときに，プレートの動いた方向となる。

■ **解答**　(1)　北　　(2)　西北西

例題6　変成作用 知識

→問題27, 28, 34

高校生のSさんは，地学実験室で南極の昭和基地周
辺の岩石標本を見つけ，この岩石について探究活動を
行った。そのレポートの一部を次に示す。

【観察結果】　図は，岩石標本の写真である。表面の縞
　模様をルーペで観察すると，黒色縞には，細粒から
　粗粒の鉱物，白色縞には，粗粒の鉱物が多く含まれ
　ていることがわかった。

1cm
岩石標本の表面写真

【文献調査結果】　昭和基地周辺は，約5.5億年前の大陸と大陸が衝突してできた造山帯
　に位置する。ここには，圧力が 7×10^8 Pa（深さ約25kmに相当）で，温度が約850℃の
　下で変成作用を受けた変成岩が広く分布している。

【考察】　この標本は，大陸と大陸の衝突による変成作用で形成された（　ア　）という岩
　石である。縞模様がみられるこの岩石のでき方は（　イ　）と考える。

(1)　空欄（　ア　）に入れる岩石名として最も適当なものを，次の語群から1つ選べ。
　　　｛　片岩　　　結晶質石灰岩　　　片麻岩　　　ホルンフェルス　｝

(2)　空欄（　イ　）に入れるこの岩石のでき方について述べた文として適当なものを，次
　の①・②から選び，記号で答えよ。
　①　高温のマグマの貫入によって局所的に岩石が熱せられることで形成された
　②　高温下で強く変形しながら鉱物が再結晶することで形成された

(21　共通テスト　改)

■ 考え方　広域変成作用は，高い温度と高い圧力の下での変成作用で，片岩や片麻岩が生じる。
　　　　　岩石標本は白黒の縞模様から片麻岩と判断できる。接触変成作用は，マグマの貫
　　　　　入によって起こり，ホルンフェルスや結晶質石灰岩が生じる。

■ 解答　(1)　片麻岩　　(2)　②

例題7　地殻変動と変成作用 知識

→問題26, 27

　図は，ある崖のスケッチである。地層A～Eは，花こう岩Gの貫入によって変成作用
を受けている。地層Aの変成部には結晶質石灰岩（大理石）が生じており，ほとんどが同
一の粗粒な鉱物で構成されている。

(1)　断層 f は，何断層か。
(2)　変成を受ける前の地層Aの岩石名を
　答えよ。
(3)　下線部の鉱物名を答えよ。

(15　早稲田大　改)

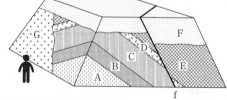

■ 考え方　(1)　断層は，断層面をはさんだ地層の動いた方向を考える。(2)(3)　石灰岩は接触
　　　　　変成作用を受けると，方解石の結晶からなる結晶質石灰岩（大理石）に変成する。

■ 解答　(1)　正断層　　(2)　石灰岩　　(3)　方解石

|基|本|問|題|

知識
21. プレートの運動 ●プレートと海山に関する次の文章を読み，各問いに答えよ。

太平洋などの海洋底には，図に示すように，火山島とそれから直線状に延びる海山の列がみられることがある。これは，<u>マントル中にほぼ固定されたマグマの供給源が海洋プレート上に火山をつくり</u>，プレートがマグマの供給源の上を動くために，その痕跡が海山の列として残ったものである。なお，図の年代と距離は，火山島 a，海山 b，c の生成年代，a−b 間，b−c 間の距離である。

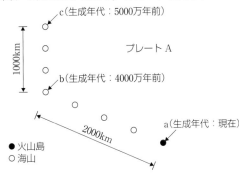

図　プレート A 上の火山島と海山の配置

(1) 文章中の下線部のようなマグマの供給源の場所を何と呼ぶか。

(2) 図のプレート A について，4000万年前から現在までのプレートの動く速さは，5000万年前から4000万年前までの速さの何倍と考えられるか。最も適当なものを，次の①〜⑤から１つ選べ。

① 2.0倍　　② 1.3倍　　③ 1.0倍　　④ 0.8倍　　⑤ 0.5倍

(3) 図に示す海山の配列は，マグマの供給源に対するプレートの運動が変化したことを示している。いつ，プレートの進む方向がどちらからどちらに変わったか，20字程度で答えよ。

(4) 図で，海山はマグマの供給源から遠く離れるにしたがって沈降していく。海山が沈降する主要な原因として最も適当なものを，次の①〜④から１つ選べ。

① 海山の頂部が，波浪などの作用によって侵食されるため。

② 海山の温度が下がり，熱収縮するため。

③ 海山をのせた海底の深度が増大するため。

④ 海山の山体が正断層で大きく崩壊するため。

(19　福島大, 05　センター試験本試　改)

知識
22. プレートの境界 ●図は，プレート境界の模式図である。次の断層が主に形成される場所は図の A〜C のどこか。それぞれ１つ選び，記号で答えよ。

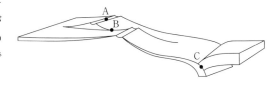

(1) 逆断層

(2) トランスフォーム断層

(18　センター試験追試　改)

23. プレートの運動 ●図1は太平洋周辺のプレート境界と境界上の地点A〜Dを表している。

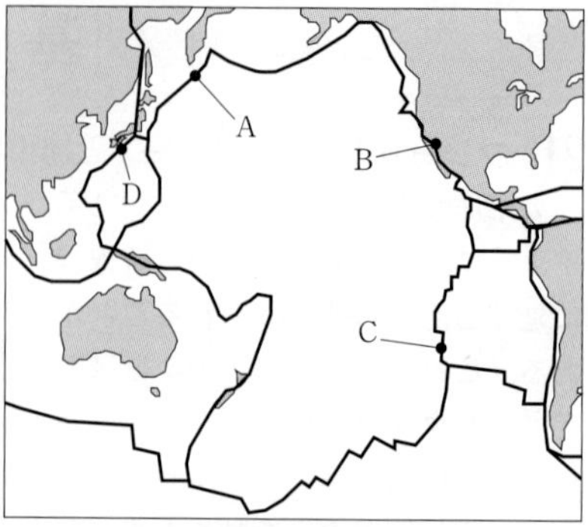

(1) 2枚のプレートが離れる境界にある地点として最も適当なものを，次の①〜④のうちから1つ選べ。

　① A　　　② B　　　③ C　　　④ D

(2) 2枚のプレートが近づく境界では，一方のプレートが他方のプレートの下に沈み込む場合がある。そのような地帯を沈み込み帯と呼んでいる。沈み込み帯について述べた文として，適当でないものを，次の①〜⑤のうちから1つ選べ。

　① 海溝やトラフと呼ばれる溝状の地形が発達する。

　② 巨大地震などの地震活動が活発である。

　③ 島弧の下ではマグマが発生する。

　④ 海溝と火山前線（火山フロント）の間に活火山が分布する。

　⑤ 圧縮の力を受けて生じる活断層が発達する。

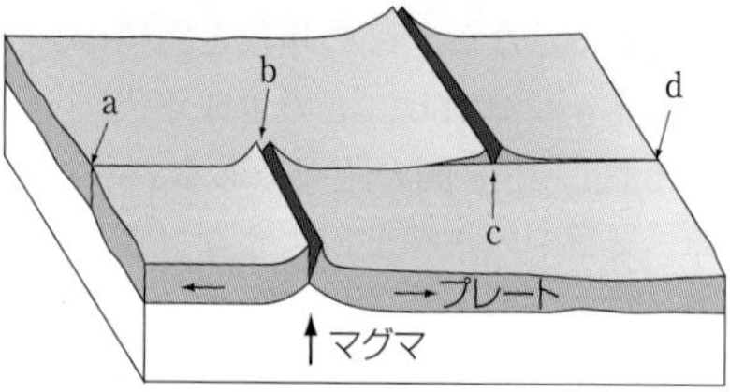

図1　太平洋周辺のプレート境界

図2　中央海嶺で生まれるプレートのようす

(3) 図2は，中央海嶺で生まれるプレートのようすを表している。中央海嶺で生まれたプレートは，ほぼ同じ速さで両側に移動する。図中のa〜dのどこの部分がすれ違う区間となるか。最も適当なものを，次の①〜⑥のうちから1つ選べ。

　① aからbまでの区間　　　② bからcまでの区間　　　③ cからdまでの区間

　④ aからcまでの区間　　　⑤ bからdまでの区間　　　⑥ aからdまでの区間

(4) 南アメリカ大陸とアフリカ大陸は，中生代の終わり頃，図3のようにつながっていた。その後分裂して，図4のように大西洋ができた。かつてのX地点は，現在 X′ 地点と X″ 地点に分かれ，約6000km離れている。約8000万年前にこの分裂が始まったとすると，それぞれのプレートは，中央海嶺から平均して年間何 cm の速さで移動したと考えられるか。最も適当な数値を，次の①〜⑤のうちから1つ選べ。

　① 3.8cm

　② 7.5cm

　③ 15cm

　④ 38cm

　⑤ 75cm

図3　中生代の終わりごろの
大陸の位置関係

図4　現在の大陸の位置関係

（10　センター試験本試）

[知識]

24. プレートの収束運動と大陸移動 ●次の文章を読み，各問いに答えよ。

　地球表層は，十数枚のプレートで覆われていて，それぞれが別方向に数（　ア　）程度の速さで移動している。海洋プレートは中央海嶺で生産され，そこからしだいに離れて行き，やがて海溝から地球の内部に沈み込んでいく。このため，約（　Ａ　）年よりも古い海洋プレートは現在の海底に残っていない。大陸プレートは海洋プレートよりも（　イ　）が小さいため，いったん生成すると半永久的に地球表層に留まる。現在の地球上に存在する大陸は，約（　ウ　）年前頃から分裂し始めた超大陸（　エ　）が分裂してできたものである。

問1　空欄（　ア　）～（　エ　）にあてはまるものを，①～⑨からそれぞれ1つずつ選べ。

① 密度　　②　体積　　③　cm/年　　④　mm/年

⑤ 5億　　⑥　2億　　⑦　1000万　　⑧　パンゲア　　⑨　ヌーナ

問2　太平洋プレートは約8cm/年で移動している。太平洋プレートの中央海嶺から海溝までの距離を16000kmとし，空欄（　Ａ　）にあてはまる数値を答えよ。

（15　長崎大　改）

[知識]

25. 活断層 ●断層には活断層といわれるものがある。活断層の説明として誤っているものを，次の①～④のうちから1つ選べ。

① 数十万年前から現在までの間に活動した断層である。

② 地震と密接に関係している活断層が日本各地に分布している。

③ 今後も活動する可能性が高い断層である。

④ 活動周期が一定のため，正確な地震予知が可能である。

（17　高卒認定試験）

[知識]

26. 断層，褶曲 ●褶曲や断層は，地層や岩石に圧縮の力が働いて形成される。図は，褶曲と断層の模式図で，地表（左右を西東，手前が南とする）と地下の断面を示している。

　地層や岩石が，東西に伸張する状況で形成されたものとして最も適当なものを，図の①～④から1つ選べ。ただし，図中の灰色の部分は，以前は連続する平板状の1枚の地層であったとする。

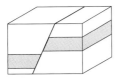

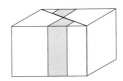

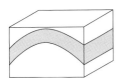

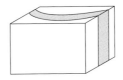

（18　センター試験追試　改）

27. 変成岩 知識 ●ある地域に分布する深成岩Qと, Qの両側に分布する変成岩PとRについて調べた次の文章を読み, 以下の各問いに答えよ。

P の原岩（変成作用を受ける前の岩石）は, 石灰岩であり, Qに貫入され（　ア　）変成作用を受け,（　イ　）になっている。QとRは断層で接している。Rは片岩で鉱物が一方向に配列する（　ウ　）が発達している。

(1) 文章中の（　ア　）～（　ウ　）に適する語を答えよ。

(2) 図①～③は, P～Rの岩石の薄片のいずれかを, それぞれ偏光顕微鏡で観察したときのスケッチである。それぞれどの岩石のものか, P～Rから1つずつ選び, 記号で答えよ。

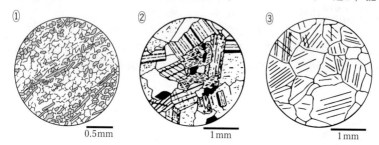

①　0.5mm　②　1mm　③　1mm

(16　岩手大　改)

28. 変成岩 知識 ●変成岩に関する次の各問いに答えよ。

(1) 変成岩について述べた文として最も適当なものを, 次の①～④から1つ選べ。

① チャートが広域変成作用を受けると大理石になる。

② 泥岩が広域変成作用を受けると片岩になる。

③ 花こう岩が接触変成作用を受けると片麻岩になる。

④ 接触変成作用を与えたマグマが固化するとホルンフェルスになる。

(2) 変成岩について述べた文として最も適当なものを, 次の①～④から1つ選べ。

① 細粒の石基と, 結晶化する温度と圧力が異なる粗粒の斑晶からなる斑状組織をなす。

② 変成作用を受けてできたホルンフェルスは, やわらかくハンマーで割りやすい。

③ 再結晶した鉱物の大きさによって, 斑れい岩, 閃緑岩, 玄武岩などに分類される。

④ 片岩や片麻岩は, 鉱物が一定の方向に配列した構造をもつ。

(20　センター試験本試, 追試)

29. 大地形の形成 知識 ●造山帯に関する次の文について, 下線部が誤っているものを選び, 下線部を正しく書き直せ。

① 付加体は, 海洋プレート上部からはぎ取られた堆積物や花こう岩, 陸からもたらされた堆積物などから構成されている。

② 大陸プレートどうしが衝突している造山帯にも付加体の堆積物がある。

③ 付加体の堆積物は, 海溝に近い下部ほど新しい。

④ プレートの沈み込み帯では, 褶曲と逆断層が発達する。

⑤ プレートの衝突帯では褶曲が強く進行し, 低角度の正断層（衝上断層）が発達する。

発展問題

30. プレートの運動 図1のように，ハワイ諸島から天皇海山列にかけて，火山島と海山が連続している。これらは，マントルに固定された点状の熱源(ホットスポット)の上を，太平洋プレートが動いていくことによってつくられたと考えられている。ハワイ島のキラウエアでは，現在も火山活動が継続中である。図2は，これらの火山島や海山の年代と，列に沿って測ったハワイ島からの距離との関係を示したグラフである。過去8000万年間はホットスポットの位置は変化しなかったとして，次の各問いに答えよ。

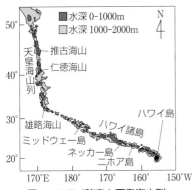

図1 ハワイ諸島と天皇海山列

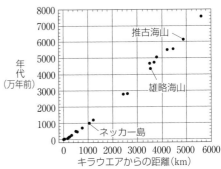

図2 火山島・海山の年代と列に沿って測ったハワイ島からの距離の関係

(1) 表1は，火山島と海山の形成年代と，ハワイ島からの距離を示している。ネッカー島が形成されてから現在まで，プレートが一定の速さで同じ向きに動いていたと考え，この間のプレートの運動の速さを求めよ。単位はcm/年とし，小数第2位を四捨五入すること。

(2) (1)と同様に，推古海山が形成されてから雄略海山が形成されるまでの間のプレートの運動の速さを求めよ。単位はcm/年とし，小数第2位を四捨五入すること。

(3) 図2から，プレートの速さについて，3000万年前から現在までと6000万年前から4500万年前までを比べたとき，適するものを以下から選べ。

① 3000万年前から現在までの方が遅い。

② 3000万年前から現在までの方が速い。

(4) 図3のXは現在のハワイ島，Yは現在の推古海山の位置を示している。推古海山が現在の位置にくるまでに動いてきた軌跡として最も適するものを，図の①〜⑤から1つ選べ。

表1 火山島と海山の形成年代およびハワイ島からの距離

名　称	形成年代 (万年前)	ハワイ島からの距離(km)
ニホア島	720	780
ネッカー島	1000	1058
ミッドウェー島	2770	2432
雄略海山	4740	3520
仁徳海山	5560	4452
推古海山	6130	4860

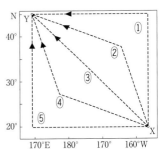

図3 緯度と経度は現在のものを示す。

(19 横浜国立大，18 富山大 改)

思考 **論述**

31. プレートの運動 図のアフリカプレートを取り囲む太線は中央海嶺，細線はトランスフォーム断層などを示している。また，ホットスポットA～C（★）とそれに連なる島や海山列を点線で示し，黒丸の海山には形成年代を添えている。次の各問いに答えよ。

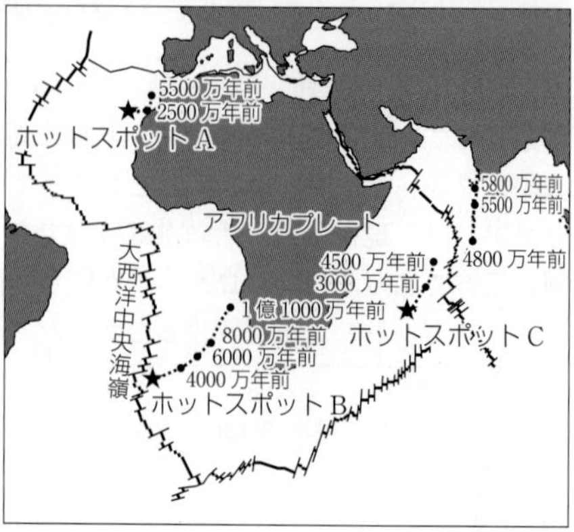

(1) 海山列の分布から考えて，約1億年前から現在までのアフリカプレートの動きとして適当なものを，次の①・②から選べ。

① アフリカプレートの北西を中心として反時計回りに動いている。

② アフリカプレートの南東を中心として時計回りに動いている。

(2) ホットスポットCから連なる海山列では，4500万年前以降のものと，それ以前のものとの間で，並びが不連続になっている。この理由として考えられることを「新たな中央海嶺」を用い，中央海嶺ができた場所を含めて60字程度で説明せよ。 （17 東北大 改）

右図のラベル:
5500万年前
2500万年前
ホットスポットA
5800万年前
5500万年前
アフリカプレート
4500万年前
3000万年前
4800万年前
1億1000万年前
8000万年前
6000万年前
4000万年前
ホットスポットC
ホットスポットB
大西洋中央海嶺

知識

32. 収束境界と断層 プレートの沈み込みに伴う諸現象について，次の各問いに答えよ。

図は，プレートの収束境界の概念図で，上図は断面図，下図は地表面での領域の分布を示している。

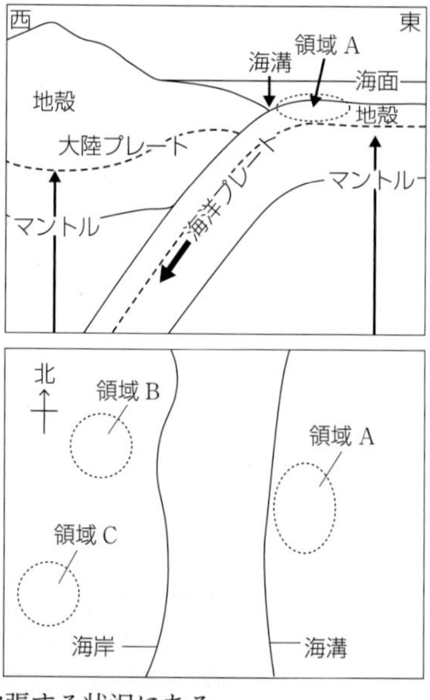

(1) 図の領域Aでは，海洋プレートの沈み込みに伴い，海洋プレートの上部が東西方向に引きのばされるため，地殻が破壊されて断層が形成される。領域Aで生じる南北方向にのびる断層として最も適当なものを，次の①～③から1つ選べ。

① 正断層 ② 逆断層 ③ 横ずれ断層

(2) 図の領域Bは，プレートの運動に伴って東西方向に短縮し，南北方向には短縮や伸張をしない状況にある。領域Bで生じる断層として最も適当なものを，次の①～③から1つ選べ。

① 正断層 ② 逆断層 ③ 横ずれ断層

(3) 図の領域Cでは，北西から南東にのびる左横ずれ断層がみられる。領域Cの状況を表す説明として最も適当なものを，次の①～④から1つ選べ。

① 北西－南東方向に短縮し，北東－南西方向に伸張する状況にある。

② 北西－南東方向に伸張し，北東－南西方向に短縮する状況にある。

③ 北－南方向に短縮し，東－西方向に伸張する状況にある。

④ 北－南方向に伸張し，東－西方向に短縮する状況にある。

上図のラベル: 西 東 領域A 海溝 海面 地殻 大陸プレート 地殻 海洋プレート マントル マントル

下図のラベル: 北 領域B 領域A 領域C 海岸 海溝

（20 首都大学東京 改）

[知識]

33. プレートの運動と大山脈の形成 図は，地球表面を覆うプレートの相対運動のようすを模式的に示したもので，矢印はプレートなどの移動方向を表す。このうち a はプレートが集まる境界で，一方のプレートが他方のプレートの下に沈み込んでいる。このため海底には大きなくぼんだ地形ができ，これが（　ア　）である。b は a と同じくプレートが集まる境界であるが，b では巨大な山脈が形成されている。その代表例がヒマラヤ山脈である。

c はプレートが離れていく境界で，中央海嶺がこれにあたる。ここではマントル物質が上昇し，（　イ　）質マグマの活動によって新しい海底が次々とつくられている。この新しい海底はその後両側に拡がっていく。また，このような中央海嶺のでき始めの場所を大陸の中に見ることもできる。アフリカ大陸にあるその典型的な例が，（　ウ　）である。

d はプレートがすれ違う境界で，（　エ　）断層と呼ばれる。（　エ　）断層には，中央海嶺どうしを結ぶもののほかに，海溝どうしや，海溝と中央海嶺を結ぶものもある。

問1　文章中の（　ア　）～（　エ　）に適切な語句を入れよ。

問2　図の a，b に関して，次の文章中の空欄に適する語を答えよ。

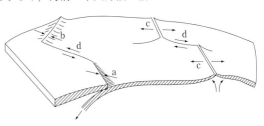

境界 a では（　1　）プレートが，（　2　）プレートの下に沈み込んでいる。一方，境界 b では（　3　）プレートどうしが衝突し，一方の（　3　）プレートが他方の（　3　）プレートの下にもぐり込んで大山脈が形成されている。

問3　次の(あ)～(う)の国や都市は，地震または火山噴火が多発する場所である。これらは，図の a～d のプレート境界のうち，どの境界と最も関係が深いか。(あ)～(う)のそれぞれについて，a～d の中から1つずつ選んで記号で答えよ。　　　　　　　　　（10　長崎大　改）

(あ)　アイスランド　　　　(い)　サンフランシスコ　　　　(う)　日本

[知識]

34. 変成岩 変成岩には，マグマの貫入によって周囲の岩石が高温となったためにできた接触変成岩，造山帯内部での地殻変動に伴い，広い範囲で温度と圧力が上昇したために形成された広域変成岩がある。次の各問いに答えよ。

(1)　接触変成岩の結晶質石灰岩を構成する方解石の化学式を答えよ。

(2)　広域変成岩が変成作用を受けた温度として，最も適当なものを次から1つ選べ。

① 200～800℃　　② 1000～1600℃　　③ 1800～2400℃　　④ 2600～3200℃

(3)　変成岩の成因として最も適当なものを，次の①～④のうちから1つ選べ。

① 結晶質石灰岩の粗粒の鉱物は，高温高圧で原岩がすべて溶けた後，ゆっくり冷えてできる。

② 片岩の小さな板状や柱状の鉱物は，原岩の鉱物が割れて小さくなったものである。

③ 片麻岩の縞模様は，原岩が溶けて流れてできた細粒の鉱物が配列してできている。

④ ホルンフェルスは，原岩は固体のまま，新しい鉱物が生じて，もととは違う組織ができる。

知識

35. 接触変成作用　図は，ある地域の地質断面図である。地層 a，b，d，f，g，h～k は堆積岩であり，そのうち b は石灰岩，g，i は泥岩である。また，c，e は貫入した火成岩であり，周囲に変成作用を与えていた（×印や＋印の部分）。なお，地層の逆転はしていないものとする。

(1) 火成岩 c に接する石灰岩 b の狭い範囲にみられる変成岩の名称と主な構成鉱物を答えよ。

(2) 火成岩 e によって，泥岩 g，i が変成されてできた硬くて緻密な岩石の名称を答えよ。

(3) 泥岩 g のうち，火成岩 c によってのみ変成を受けた部分と火成岩 e によってのみ変成を受けた部分では，それぞれ異なる変成鉱物が含まれていた。それは，火成岩 c と e の貫入時の何の違いによるものか答えよ。ただし，火成岩 c と e の貫入時の深さは変わらないとして考えよ。

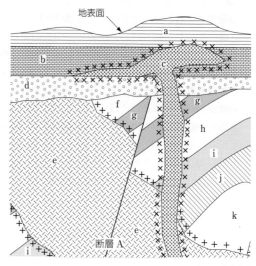

（11　琉球大）

思考　論述

36. 造山運動　造山運動に関する次の文章を読み，以下の各問いに答えよ。

大陸をのせたプレート同士が衝突する境界では，広域変成帯や褶曲帯を伴う巨大山脈が誕生する。その際，大陸の衝突以前にできていた付加体と，大陸間に広がっていた浅海堆積物が水平方向に強く押し付けられる。

右図はヒマラヤ山脈を横断する地質断面を模式的に示しており，Ⓧ～Ⓩが指す太線は断層である。また，図中のⒶの地表部分には地下深部で形成された片岩や片麻岩が露出している。

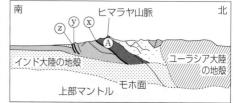

(1) Ⓐの片岩を構成する鉱物の形や組織として最も適当なものを，語群からそれぞれ選べ。
鉱物の形{　球状　　板状　}　　組織{　白黒の縞　　定方向配列　　モザイク状　}

(2) Ⓧ～Ⓩは同じ種類の断層である。その種類を答えよ。

(3) 地下深部で形成されたⒶがヒマラヤの山肌に現れた理由を，次の語句を**すべて用いて**40字程度で答えよ。
{　逆断層，　上盤，　断層活動，　隆起，　累積　}

(4) ヒマラヤ山脈の地下の地殻の厚さとして最も適当なものを次の①～④から選べ。
①　15km　　②　30km　　③　60km　　④　120km

（14　琉球大　改）

26　1章　地球のすがた

チャレンジ問題 2 「地学」に挑戦 challenge

変成作用

❶低温高圧型・高温低圧型　広域変成岩
は，低温高圧型と高温低圧型に区分される。

　低温高圧型の例…片岩

　高温低圧型の例…片麻岩

❷多形(同質異像)　化学組成が同じでも，
温度や圧力の条件によって結晶構造が
異なる鉱物を多形という。例えば，炭
素Cで構成される石墨(グラファイト)
は，高圧下ではダイヤモンドに変わる。
多形の鉱物は，安定して存在できる温
度や圧力の条件がそれぞれ決まってい
るため，変成岩の変成条件の推定に役立つ。

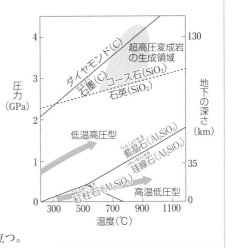

知識

変成作用◆図1は，花こう岩の貫入による変成作用で形成された変成岩の分布を示した平
面図である。この地域の変成岩は，珪線石を含むX帯と，紅柱石を含むY帯に区分される。
珪線石と紅柱石は，互いに多形の関係にある。図2は，珪線石と紅柱石が安定となる領域
の一部を示している。次の各問いに答えよ。　　　　　　　　(20　センター試験本試　改)

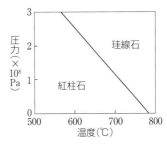

図1　花こう岩と変成岩(X帯とY帯)の分布
　　花こう岩と変成岩の境界は鉛直である。

図2　珪線石と紅柱石が安定となる
　　領域の一部を示した図

(1)　この変成作用を何というか。

(2)　泥岩や砂岩などが(1)の変成作用を受けてできる変成岩の名称を答えよ。

(3)　以下の文中の空欄に適する言葉を入れよ。

　　図1の花こう岩から地点Aならびに地点Bまでの距離は変成作用後に変化しておらず，
花こう岩は均一な温度で貫入し，熱はどの方向にも同じように伝わったとすると，変成
作用を受けたとき，地点Aは地点Bよりも温度は(　ア　)く，圧力は(　イ　)い。

3 地震

1 地震の発生

❶地震が起こるしくみ　プレート運動や火山活動の力によって，岩石が破壊され，それによって生じた地震波が，周囲の岩石を伝わり大地の揺れ（地震動）を引き起こす。

最近数十万年間に活動をくり返し，今後も活動する可能性のある断層を**活断層**という。また，現在も変形が進行している褶曲を**活褶曲**という。

くり返し動く活断層に沿って，山地と平地の境界や，直線状の谷地形などがつくられる。

日本海溝や南海トラフの大陸側には大規模な活断層が多い。

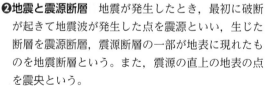

新潟地震
1964 M7.5

濃尾地震
1891 M8.0

北丹後地震
1964 M7.5

日本海溝

東北地方太平洋沖地震
2011 M9.0

兵庫県南部地震
1995 M7.3

相模トラフ

関東地震
1923 M7.9

南海トラフ

北伊豆地震
1930 M7.3

伊豆‐小笠原海溝

南海地震
1946 M8.0

南西諸島海溝

❷地震と震源断層　地震が発生したとき，最初に破断が起きて地震波が発生した点を**震源**といい，生じた断層を**震源断層**，震源断層の一部が地表に現れたものを**地震断層**という。また，震源の直上の地表の点を**震央**という。

震央　地震断層　地震断層　震源　震源断層

(a)**震度**　地震動の強さを表す指標。同一の地震でも地域によって震度は異なり，普通は震源に近いほど震度は大きい。加速度計とコンピュータを組合せた**震度計**で計測され，日本では，**気象庁が定めた10段階の震度階級**(0, 1, 2, 3, 4, 5弱, 5強, 6弱, 6強, 7)が用いられる。

濃尾地震（1891年，M8.0）の震度分布
×は震央。震度の値は旧制度の震度階級によるもので，Ⅰ〜Ⅳは現在の1〜4，Ⅴは震度5弱と5強，Ⅵは6弱と6強にほぼ相当する。

(b)**マグニチュード(M)**　地震の規模を表す指標で，1つの地震につき1つの値で示す。日本では気象庁マグニチュードが用いられ，Mが1大きくなるとエネルギーは約32倍($\sqrt{1000}$倍)，Mが2大きくなるとエネルギーは1000倍大きくなる。

(c)**本震と余震** 大きい地震の後に小さい地震がいく
つも起こるとき，最も規模の大きな地震を**本震**，
これに引き続いておこる地震を**余震**という。余震
は本震でずれた断層面の近くで，さらに岩石の破
壊が生じて起こる。

❸**震源断層の位置と規模** 一般に，海溝で起こるプレ
ート境界地震は，内陸地殻内の活断層による地震に
比べて，マグニチュードが大きくなる傾向がある。

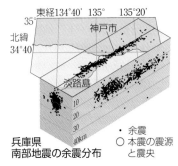

兵庫県
南部地震の余震分布

2 地震の動き

❶**地震波** 地球内部を伝わる地震波には**P波**と**S波**
がある。P波は，最初に到達し，細かい揺れの**初
期微動**として観測される。S波は，P波のあとに
到達し，大きな揺れの**主要動**として観測される。

❷**震源の決定**

(a)**初期微動継続時間(P-S時間)** 観測点にP波
が到達してからS波が到達するまでの時間。

(b)**大森公式** 観測点から震源までの距離(**震源距
離**)とP-S時間には関連があり，震源距離をD
(km)，P-S時間をt(s)とすると次式で表される。

$$D = kt \quad (k = 6 \sim 8\,\text{km/s})$$

※ P波速度($5 \sim 7$ km/s)をV_P，S波速度($3 \sim 4$
km/s)をV_SとするとP波とS波が観測点到達
に要する時間はそれぞれ，$\dfrac{D}{V_P}$，$\dfrac{D}{V_S}$ となり，

その差がP-S時間tのことなので，

$\dfrac{D}{V_S} - \dfrac{D}{V_P} = t$ と表せ，Dについて解くと，

$D = \dfrac{V_P V_S}{V_P - V_S} t$ となる。$\left(k = \dfrac{V_P V_S}{V_P - V_S}\right)$

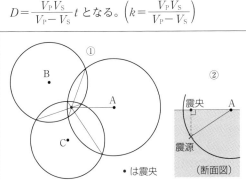

• は震央

①観測点A，B，Cを中心として，震源
距離を半径とする円をそれぞれ描く。
2つの円の交点を結んだ3本の直線が
交わる1点が震央である。

②観測点Aと震央を結ぶ断面図において，
Aを中心とし，震源距離を半径とする
円を描く。震央は震源の真上の地表の
点であるから，震央から真下に下ろし
た直線と円との交点が震源となる。

❸ 地震の発生する地域

❶地震分布とプレート　地震は特定の地域で起こっており，その中でも帯状に集中しているところを地震帯という。

(a)**沈み込み帯**
（海溝・トラフ）
震源の深さによらず，最も多く地震が発生している。震源が100kmよりも深い深発地震は，この地域で起こる。
例：環太平洋地域

(b)**衝突帯・**
トランスフォーム断層
沈み込み帯についで，地震が多発している。震源の浅い地震が多い。
例：アルプス〜ヒマラヤ地域，サンアンドレアス断層

(c)**発散境界（海嶺）**
ほとんどが浅い地震。
例：大西洋中央海嶺，アフリカ大地溝帯

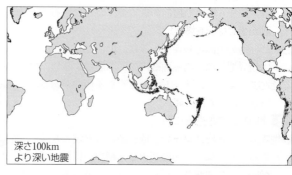

深さ100km
より深い地震

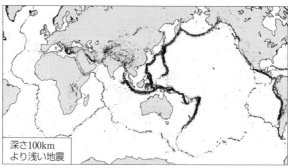

深さ100km
より浅い地震

世界の震央分布（1975〜1994，$M \geqq 4$）

❷日本付近の地震　日本列島付近では，地表や海溝付近で起こる震源の浅い地震のほかに，深発地震も起こっている。発生する場所によって，プレート境界地震，内陸地殻内地震，海洋プレート内地震の3つのタイプに大別される。

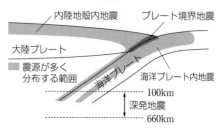

内陸地殻内地震　　プレート境界地震
大陸プレート
■ 震源が多く
　分布する範囲
海洋プレート内地震
海洋プレート
‑‑‑‑‑‑‑‑‑‑ 100km
深発地震
‑‑‑‑‑‑‑‑‑‑ 660km

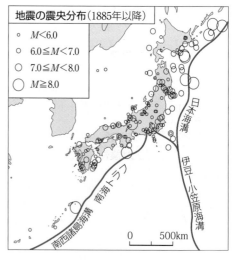

地震の震央分布（1885年以降）
○　$M < 6.0$
○　$6.0 \leqq M < 7.0$
○　$7.0 \leqq M < 8.0$
○　$M \geqq 8.0$

日本海溝
伊豆‑小笠原海溝
南海トラフ
南西諸島海溝

0　　500km

❸日本付近で発生する地震の特徴

(a)プレート境界地震

例：南海地震(**1946**, $M\,8.0$)，関東地震(**1923**, $M\,7.9$)，
東北地方太平洋沖地震(**2011**, $M\,9.0$)

プレート境界で起こる
地震を**プレート境界地震**
と呼び，海溝やトラフで
は，巨大なプレート境界
地震がくり返し発生して
いる。ここでは，海洋プ
レートの沈み込みに引き
ずられ，大陸プレートが
沈降してひずみが蓄積さ
れ，限界に達して，大陸
プレートが跳ね上がる

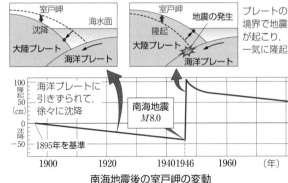

南海地震後の室戸岬の変動

(逆断層型の動き)ことで地震が起こる。地震時に大陸プレートは一気に隆起するが，
海洋プレートは一定の速さで沈み込みを続けるため，再び大陸プレートは沈降し始め
る。また，海底が急激に隆起するため，津波(→p.160)を伴うことが多い。

※沈み込む海洋プレートと，大陸プレートの境界に位置する海溝沿いで発生する地震を，と
くに海溝型地震と呼ぶ。

(b)内陸地殻内地震(内陸地震)

例：濃尾地震(**1891**, $M\,8.0$)，兵庫県南部地震(**1995**, $M\,7.3$)，
熊本地震(**2016**, $M\,7.3$)

海洋プレートなどの押す力が大陸プレートの内部にも働いて断層を生じ，地殻表層
で**内陸地殻内地震**が発生する。この地震は，マグニチュードが小さくても震源が浅い
ため，震度が大きくなり，大きな被害をもたらすことが多い。また，活断層に沿って
起こることが多く，都市の直下で発生すると**直下型地震**と呼ばれる。

(c)海洋プレート内地震

例：昭和三陸地震(**1993**, $M\,8.1$)，釧路沖地震(**1993**, $M\,7.5$)，
北海道東方沖地震(**1994**, $M\,8.2$)

沈み込む海洋プレート内で起こる地震で，海溝へ沈み込むときに押し曲げられ，上
部に引っ張る力が働いて発生する。海溝から沈み込んだあとに，元の形に戻ろうとす
るなどして，海洋プレートの内部に力が働くことで発生することもある。

■**深発地震帯と異常震域** 深発地震は，海洋プレートの内部で発生しており，その震
源域は，深発地震帯(和達—ベニオフ帯)と呼ばれる。深発地震では，地震波が海洋
プレート内をあまり減衰せずに伝わり，震央から遠い地点の方で震度が大きくなる
ことがある。このような地域を**異常震域**という。

1 次の文章中の（　　　）に適する語句を入れよ。

　地震波が最初に発生した点を（　1　），その直上の地表の点を（　2　）という。地震波のうち，P波と（　3　）は地球内部を伝わって離れた地点に到達する。地震波による揺れの強さは（　4　）で表す。（　4　）の階級のうち，最大値は（　5　）となる。地震の規模の大きさは（　6　）で表す。（　6　）が1大きくなると，地震の規模は約（　7　）倍になり，2大きくなると（　8　）倍になる。

2 次の文章中の（　　　）に適する語句を入れよ。

　地震は，力を受けた岩石が破壊され，断層が動いて起こる。地震を引き起こした断層を（　1　）といい，その一部が地表まで達したものを（　2　）という。大きな地震に続いて起きる地震を（　3　）という。また，地震の際に，断層面に沿って生じるずれの大きさを（　4　）という。

3 次の各問いに答えよ。

　地震が発生すると2種類の地震波が地球内部を伝わる。

　A：最初に到達し，<u>小きざみに揺れる，小さな揺れをもたらす。</u>ₐ

　B：2番目に到達し，<u>大きな揺れをもたらす。</u>ᵦ

　また，Aが到達してからBが到達するまでの時間を（　1　）といい，震源から遠ざかるほど，その時間は（　2　）くなる。

（問1）　AとBにあてはまる地震波をそれぞれ答えよ。

（問2）　下線部a，bの揺れをそれぞれ何というか答えよ。

（問3）　空欄（　1　）～（　2　）に適する語句を入れよ。

4 次の文章中の（　　　）に適する語句を入れよ。

　日本海溝では，海洋プレートである（　1　）プレートが大陸プレートの（　2　）プレートの下に沈み込み，南海トラフでは，海洋プレートである（　3　）プレートが大陸プレートの（　4　）プレートの下に沈み込んでおり，それぞれ巨大な（　5　）地震がくり返し発生してきた。この地震は，海底で発生するため（　6　）を伴うことが多い。

　一方，内陸の浅いところで発生する（　7　）地震は，マグニチュードが小さくても震源が浅いため，大きな被害をもたらす。

　また，沈み込む海洋プレート内で起こる地震は，（　8　）地震と呼ばれる。

　日本列島付近では，（　5　）地震や（　7　）地震などの浅い地震のほかにも，震源が100kmより深い（　9　）地震が起こっている。

解答

1 (1)震源　(2)震央　(3)S波　(4)震度　(5)7　(6)マグニチュード　(7)32　(8)1000　**2** (1)震源断層
(2)地震断層　(3)余震　(4)変位量　**3** （問1）　A　P波　B　S波　（問2）　a　初期微動　b　主要動
（問3）　(1)初期微動継続時間(P-S時間)　(2)長　**4** (1)太平洋　(2)北アメリカ　(3)フィリピン海
(4)ユーラシア　(5)プレート境界(海溝型)　(6)津波　(7)内陸地殻内(内陸)　(8)海洋プレート内　(9)深発

■■■■■■■■■■■■■■■ |確|認|問|題| ■■■■■■■■■■■■■■■

【知識】
37. 地震の特徴◆日本付近で起こる地震の特徴として最も適当なものを，次の①～④のうちから1つ選べ。

① 海洋地域で起こる地震では，常に津波を伴う。

② 火山の近くでは，地震は発生しない。

③ 震源が100kmよりも深い地震は，海洋プレートの沈み込み面に沿って起こる。

④ 人間の活動が盛んな場所ほど，地震が起こりやすい。 (17 高卒認定試験)

【知識】
38. マグニチュード◆マグニチュードについて説明した文として最も適当なものを，次の①～④のうちから1つ選べ。

① マグニチュードは，各観測地点の揺れの強さを表している。

② マグニチュードが大きくなると，初期微動継続時間は長くなる。

③ マグニチュードが1大きくなると，地震のエネルギーは約32倍大きくなる。

④ マグニチュードが8.0を超える地震は起こらない。 (15 高卒認定試験)

【知識】
39. マグニチュードとエネルギー◆右図はマグニチュードと地震の数の関係を示している。マグニチュード5.3の全地震で放出されたエネルギーの総和は，マグニチュード4.3の全地震で放出されたエネルギーの総和の何倍か。最も適当な数値を，次の①～④のうちから1つ選べ。

① 0.1　　② 3.6　　③ 32　　④ 288

(21 共通テスト　改)

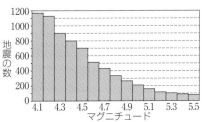

2000年から2016年までに日本周辺で発生した震源の深さが30kmよりも浅い地震

【知識】
40. 地震波◆P波について説明した文として最も適当なものを，次の①～④のうちから1つ選べ。

① 地震波の中で伝わる速さが速く，初期微動を引き起こす。

② 地震波の中で伝わる速度が遅く，主要動を引き起こす。

③ 地球の表面だけを伝わる地震波で，周期の長い揺れを引き起こす。

④ 地球の地下深くだけを伝わる地震波で，周期の短い揺れを引き起こす。

(17 高卒認定試験)

【知識】
41. 地震◆地震に関する文として最も適当なものを，次の①～④のうちから1つ選べ。

① 和達―ベニオフ帯は，日本付近の震源の浅いエリアのことである。

② 日本海溝で沈み込む太平洋プレートが，津波を伴う巨大地震をくり返し起こす。

③ 南海トラフで沈み込むユーラシアプレートが，南海地震を引き起こしている。

④ 兵庫県南部地震は，南海トラフで急激なずれが生じることによって発生した。

例題8 　震度とマグニチュード 知識　　　　　　　　　　⇒問題 42, 52, 53

　地震動の強さを表す数値を（　ア　）といい，日本では気象庁が（　イ　）段階の階級を定めている。また，地震の規模を表す数値をマグニチュード（M）という。一般に，M が 2 大きくなると地震のエネルギーが1000倍になることが知られているが，それは(a)M が 0.2増加するとエネルギーが約 2 倍になる計算である。また，(b)M 7.0 の地震のエネルギーはおよそ 2.0×10^{15} J である。

(1) （　　　）に適語を入れよ。

(2) 　下線部(a)にもとづき，M 8.0 の地震のエネルギーは，M 7.2 の地震のエネルギーの約何倍であるか答えよ。

(3) 　1 年間に地球で発生するすべての地震のエネルギーの総量は，4.0×10^{17} J 程度と考えられている。このエネルギーが M 7.0 の地震の何回分に相当するか，下線部(b)にもとづき答えよ。

■ 考え方　　(2) 　$(8.0-7.2) \div 0.2 = 4$，$2^4 = 16$　(3) 　$(4.0 \times 10^{17}) \div (2.0 \times 10^{15}) = 200$

■ 解答　　(1) 　ア 　震度　　　　イ 　10　　　(2) 　約16倍　　　(3) 　約200回分

例題9 　震源の距離，深さ 知識　　　　　　　　　⇒問題 43, 44, 45, 46, 47, 54, 55

　ある観測点で地震を観測するとき，P 波が到達してから S 波が到達するまでの時間（t）は，P 波の速度（V_P），S 波の速度（V_S），震源から観測点までの距離（震源距離）（L）によって決まる。次の各問いに答えよ。

(1) 　t を，V_P，V_S および L を用いた式で表せ。

(2) 　(1)で得られた式を変形して，L を V_P，V_S，および t を用いた式で表せ。

(3) 　$t = 5.0$(s)，$V_P = 7.2$(km/s)，$V_S = 3.7$(km/s) として，震源距離（L）を求めよ。

(4) 　(2)で求めた関係式を何と呼ぶか。

(5) 　震源距離が 50 km，震央までの距離が 40 km であったとすると，震源の深さは何 km になるか。ただし，観測点と震央の高さは同じとする。

(04 センター試験本試 改)

■ 考え方　　(1) 　地震波が震源から観測地点に到達するのに要する時間は，"震源距離÷地震波速度"で示される。P 波の到達時間は $\dfrac{L}{V_P}$ で，S 波の到達時間は $\dfrac{L}{V_S}$ であるから，初期微動継続時間 t はその差となる。

(3) 　$L = \dfrac{7.2 \times 3.7}{7.2 - 3.7} \times 5.0 = 38.05\cdots$

(5) 　三平方の定理より，「震源距離：震央距離：震源の深さ」の比は「5：4：3」となる。

■ 解答　　(1) 　$t = \dfrac{L}{V_S} - \dfrac{L}{V_P}$　(2) 　$L = \dfrac{V_P V_S}{V_P - V_S} t$　(3) 　38 km　(4) 　大森公式　(5) 　30 km

例題10　地震計の記録　知識　　　　　　　　　　➡問題46, 54

図は，ある観測点での地震計の記録である。

(1)　初期微動継続時間は何秒か求めよ。

(2)　大森公式の定数を 7 km/s とすると，この観測地点は震源から何 km 離れているか求めよ。

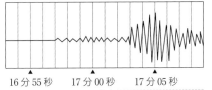

16 分 55 秒　　17 分 00 秒　　17 分 05 秒

■ 考え方　　(1)　地震計の記録の波形は，まず小さな揺れを起こす P 波が到着(16分57秒)し，その後大きな揺れを起こす S 波が到着(17分03秒)したことを示している。図からそれぞれの時刻を読み取り，その時間差が初期微動継続時間となる。

(2)　大森公式は，D を震源距離，t を初期微動継続時間とすると次の式で表される。

$$D(km) = k(km/s) \times t(s)$$

定数が $k=7$ で，(1)の解答から，$t=6$ を代入すると答えが得られる。

■ 解答　　(1)　6 秒　　(2)　42 km

例題11　地震とプレート　知識　　　　　　　　　　➡問題48, 50

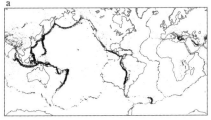

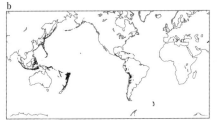

図 a・b は，震源の深さの異なる地震の震央分布をそれぞれ示したものである。次の文章中の空欄(ア)・(イ)にあてはまる語として最も適当なものを，下の①〜④のうちからそれぞれ選べ。

プレートの沈み込みによって，100 km よりも深いところでも地震が発生し，そのような地震は深発地震と呼ばれる。深発地震の震源は面状に分布し，これを(ア)という。また，深発地震の震央分布を示した図は(イ)である。

①　地溝帯　　　②　和達－ベニオフ帯　　　③　a　　　④　b

(18　センター試験本試)

■ 考え方　　地震は，プレートの境界や，火山の分布域にみられる。図 a と図 b のわかりやすい違いは，大西洋の中央部で地震が発生しているかどうかである。大西洋の中央部は中央海嶺が連なるプレートの発散境界であり，震源の浅い地震が多く発生している場所である。それによって図 a が，震源の浅い地震の震央分布であると思われる。したがって，図 b が深発地震の震央分布を表していると考えられる。このような深発地震の発生は，ほぼ沈み込み帯(プレートの収束境界)に限られ，この震源域を和達－ベニオフ帯という。

■ 解答　　(ア)②　　　(イ)④

第2章　地球の活動

知識

42. マグニチュードと発生頻度 ●次の各問いに答えよ。

(1) マグニチュードと地震のエネルギーの関係を示すグラフとして，最も適切なものを図の(ア)～(エ)のうちから１つ選べ。

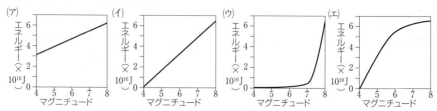

(2) 日本とその周辺海域の地下で発生する地震のマグニチュードと発生回数の関係を示すグラフ（ヒストグラム）として，最も適切なものを図の(ア)～(エ)のうちから１つ選べ。グラフは平成11年(1999年)までのデータを用いている。　　　　　　　(10　東北大)

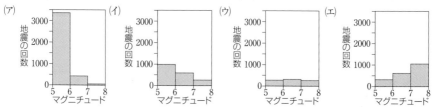

知識

43. 地震波の速度 ●ある地震が地表から深さ $8.0 \mathrm{km}$ の岩盤中で発生し，その2.0秒後，震央距離 $6.0 \mathrm{km}$ の観測点Rに P 波が到着した。震源から観測点までの岩盤中を P 波と S 波が伝わる速度は一定であり，P 波は S 波の1.8倍の速度で伝わるとして，次の各問いに答えよ。

(1) この地震の P 波の速度(km/s)を求めよ。

(2) 観測点RにS波が達するのは，P波の到達の何秒後か。　　　　(23　九州大　改)

思考

44. 地震波の速度 ●図は，ある地震の震央，都市A，および地震観測点の位置を示す。地震発生後，震源に近い複数の観測点で P 波が観測され，震源位置が推定された。そして，観測点BにP波が到着してから0.5秒後に，都市Aが緊急地震速報を受信した。都市AにS波が達するのは，緊急地震速報を受信してから何秒後となるか。最も適当な数値を，次の①～④のうちから１つ選べ。ただし，震源の深さはごく浅いものとし，P波とS波の速さをそれぞれ 7.0 km/s と 4.0 km/s とする。

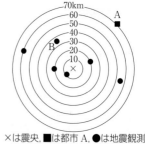

×は震央，■は都市A，●は地震観測点の位置，数字は震央距離を表す。

①　5.0　　　　②　7.5　　　　③　12　　　　④　17

(16　センター試験追試)

思考

45. 震源の決定

震源が地表付近にあるとき，初期微動継続時間 T(s)と震央距離 D(km)には，k を定数として $D=kT$ という公式が成り立つ。震源が地表付近のある地震のP波到着時刻とS波到着時刻は，下表のとおりであった。この地震の震央は，右図のどの領域に含まれるか，最も適当な領域を答えよ。ただし，$k=7$km/sとする。

(15 センター試験本試 改)

表1　観測地点A〜CでのP波とS波の到着時刻

地　点	P波到着時刻	S波到着時刻
A	1時10分50秒	1時10分53秒
B	1時10分53秒	1時10分58秒
C	1時10分57秒	1時11分05秒

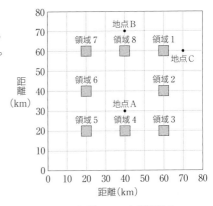

図1　領域1〜8と観測地点A〜C
　　を示す平面図

知識

46. 震源距離

図は，ある地震の地震計の記録であり，地面の変位の上下の動きを示している。P波速度を5km/s，S波速度を3km/sとして，次の各問いに答えよ。

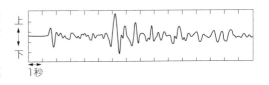

(1) この地点での初期微動継続時間は何秒か，次から1つ選べ。

① 　2秒　　② 　4秒　　③ 　6秒　　④ 　8秒

(2) この地点の震源距離として最も適するものを次から1つ選べ。

① 　7.5km　　② 　14km　　③ 　30km　　④ 　40km　　(03 北海道大 改)

知識

47. 震源の深さの求め方

次の文章を読み，問いに答えよ。

ある地震について，3地点X，Y，Zで観測された初期微動継続時間は，それぞれ11.4秒，8.6秒，8.6秒であった。この地域では震源距離 L(km)と初期微動継続時間 t(s)との間に $L=7t$ の関係が成立している。この関係をもとに，図にそれぞれの地点を中心に震源距離を半径とする円を描いた。この地震の震源のおよその深さとして最も適当なものを，次の①〜④のうちから1つ選べ。

① 　10　　　② 　30
③ 　45　　　④ 　60

(17 センター試験追試 改)

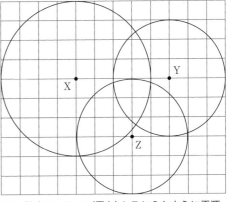

図　地点X，Y，Z(黒丸)とそれらを中心に震源距離を半径とする円

48. 【知識】 **プレート・活断層と地震**●次の文章を読み，以下の各問いに答えよ。

　日本列島周辺は，4つのプレートが互いに押し合っている地域である。日本列島周辺で発生する地震を大別すると，押し合っているプレートの境界で発生する地震，主に陸からなるプレート内で発生する地震，沈み込む海のプレート内で発生する地震となる。

(1)　下線部の地震のうち，南海地震を引き起こすと考えられているプレートを，図のA～Dから **2つ**選べ。

(2)　活断層の記述として誤っているものを，次の①～④のうちから1つ選べ。

　①　日本で確認されている活断層の数は100程度である。

　②　東北地方では南北方向にのびる活断層が多くみられる。

　③　活断層で発生する大地震の発生間隔は，プレート境界で発生する巨大～大地震の間隔よりもずっと長い。

　④　最後の活動が5万年前であることが確認されている断層は活断層である。

（20　愛知教育大　改）

49. 【知識】 **力と断層の方向**●日本列島中央部の主要な横ずれ断層の方向には，図1に示すように，主に北東―南西方向と北西―南東方向の2種類がある。また，図2は岩石試料を地殻内の条件下で圧縮したときにできる破断面と加えた力の方向の模式図である。

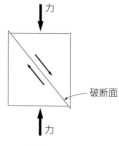

図1　　　　　図2

(1)　この地域に卓越する東西方向の圧縮力を考慮に入れ，図1の2種類の断層のずれの向きを示す図として，最も適当なものを次の①～④のうちから1つ選べ。なお，図2も参考にせよ。

①　②　③　④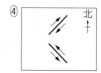

(2)　図1の断層Aのずれの向きは左横ずれと右横ずれのどちらか。

(3)　もし東西方向の圧縮力を考慮せずに，これら2種類の断層の方向のみから，断層のずれの向きを判断する場合，適当な図を(1)で求めたもの以外で上の①～④から1つ選べ。

（01　センター試験追試，09　センター試験本試　改）

50. **日本の地震**●東北沖では，_A（　ア　）プレートと_Bその下に沈み込むプレートとの間に，断層のずれを引き起こす力が徐々に蓄積され，ある限界に達すると，断層が急激にずれて，地震が発生する。2011年東北地方太平洋沖地震は，このような原因で発生した地震である。図は，この地震の直後1日間に発生した余震を含む地震の震央分布であり，ずれ動いた断層（震源域）を地表に投影した領域の面積は，約（　イ　）km²であったことがわかる。この地震の際，（　ウ　）によって海水が上下方向に変動し，巨大な津波が発生した。

東北地方太平洋沖地震発生後1日間のマグニチュード4.5以上の余震を含む地震の震央分布

〇印は各地震の震央を示す

(1) 文章中の（　ア　）～（　ウ　）に適する語句を次からそれぞれ選べ。

　㋐　海洋，大陸

　㋑　10万，30万

　㋒　地震の揺れ，断層のずれ

(2) 文章中の下線部A，Bのプレートの名称をそれぞれ答えよ。

（15　センター試験本試　改）

51. **室戸岬の変動**●四国沖では，南海トラフでプレートどうしに急激なずれが生じることによって，巨大地震がくり返し発生してきた。以下の各問いに答えよ。

(1) 最近では，1946年に南海地震（M 8.0）が発生し，室戸岬で大きな地殻変動が観測された。その際の室戸岬の上下方向と水平方向の動きを模式的に表す図として最も適当なものを，次の①～④のうちから1つ選べ。

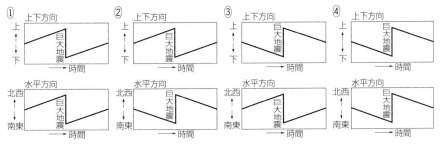

(2) 室戸岬は，ほぼ150年ごとに南海トラフ付近で巨大地震が発生すると，大きく地殻変動する。その変動量は，1回の大地震で150年前より30cmほど動いていることがわかっている。このような地殻変動が過去10万年にわたり続いてきたとして，室戸岬で約10万年前に形成された海岸線は，現在，何m隆起しているか。

（08　センター試験追試　改）

思考

52. 震度とマグニチュード ■次の文章を読んで，各問いに答えよ。

浅い地震の場合，震度は震央距離とともに一定の傾向で小さくなることが統計的に認められており，震度の距離減衰と呼ばれる。図1は，震度の距離減衰曲線をマグニチュード別に簡略化して描いたものである。

また，地震計による観測が行われなかった時代でも，地震の揺れの強さを物語る文献の記事などから，図2のような震度分布図をつくれば，これをもとにしてマグニチュードを推定することができる。古い時代の大地震のマグニチュードは，このようにして決められる。

(1) 震央距離100kmの点では，マグニチュードが1違うと震度の差はいくらになるか。最も適当なものを次の①〜⑤のうちから1つ選べ。
① 1 ② 2 ③ 3 ④ 4 ⑤ 5

(2) 図2は古い文献に記載された記事から•印の町の震度を推定してつくった震度分布図である。この震度分布をもたらした地震のマグニチュードを，図1を参考に推定し，最も適当なものを次の①〜⑤のうちから1つ選べ。
① 6.0 ② 6.5 ③ 7.0
④ 7.5 ⑤ 8.0

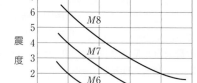

図1 震度の距離減衰曲線
図中のMはマグニチュードを表す。

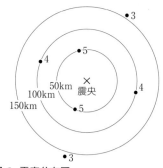

図2 震度分布図
図中の数字は震度を表し，円は震央からの距離を表している。

(02 センター試験本試 改)

知識

53. マグニチュードとエネルギー ■次の文章中の空欄に入れる数値として最も適当なものを，それぞれ1つ選べ。

ある地域において，10年間にマグニチュード$M6$の地震が100回，$M7$の地震が10回，$M8$の地震が1回発生したとする。このときに解放された地震のエネルギー量を計算してみる。$M6$の地震1回のエネルギー量をEとすると，表1のように$M7$の地震10回のエネルギー量は約（ ア ）E，$M8$の地震1回のエネルギー量は約（ イ ）Eである。$M8$の地震の回数は全体の約1%であり，エネルギー量は，全体の約（ ウ ）%である。

(ア)・(イ) 10 32 100 320 1000 3200 10000

(ウ) 20 30 40 50 60 70 80 90

表1 地震の発生回数とエネルギー量

M	発生回数	エネルギー量
6	100	100E
7	10	約（ ア ）E
8	1	約（ イ ）E

(15 センター試験追試 改)

54. 地震波の記録 ▦次の文章を読み，以下の各問いに答えよ。
知識

図は，ある観測点で得られた地震動の上下方向の地震計の記録である。この観測点付近の地下では，P波の伝わる速度が 6.0km/s，大森公式の比例係数を 8.0km/s とする。

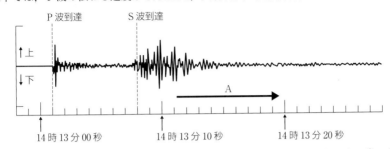

(1) P波とS波の2種類の波が観測される理由として，最も適する文章を次の ① ～ ④ のうちから1つ選べ。

① 震源での岩石破壊が，数秒の間隔で2回起こるから。

② 震源から同じ速度の地震波が，時間差で2回放出されるから。

③ 震源から違う速度の地震波が，同時に放出されるから。

④ 地震波が到着したとき，地盤はすぐには揺れず，しだいに大きく揺れるから。

(2) この観測点における初期微動継続時間は，何秒か答えよ。

(3) この観測点付近の地下を伝わるS波の伝わる速度を，小数点以下第1位まで求めよ。

(4) この地震の発生時刻は何時何分何秒か，小数点以下第1位まで求めよ。

(20 高知大 改)

55. 震源の求め方 ▦以下の問いに答えよ。
思考

地表の3つの地点で震源距離が求められれば，図のようにそれぞれの地点から震源距離を半径とする円を描くことで，震央の位置が決まる。

(問) 地点Aと震央を通る断面図を描き，断面図を利用して震源の深さを求める式を導き出せ。

ただし，地点Aでの震源距離を D，震央距離を L とし，また震源の深さを H とする。

(09 山梨大 改)

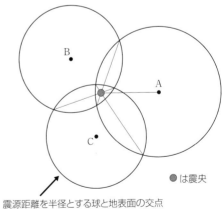

●は震央

震源距離を半径とする球と地表面の交点

56. 力と断層形態 ▦大陸プレート上の日本列島の内陸直下で起こる地震は，逆断層や横ずれ断層によるものが多い。この理由を，下の語句をすべて用いて，45字以内で説明せよ。
思考 **論述**

{ 大陸プレート，地殻，海洋プレート，水平方向，沈み込み }　　(09 筑波大 改)

57. 室戸岬の変動 図は1895年を基準にとって，室戸岬の上下変動の変遷を表したものである。以下の各問いに答えよ。

(1) 1946年の南海地震の際，室戸岬は急激に隆起し，その後の2，3年間は速いペースで沈降した。地震後2，3年間の変動を差し引くと，地震に伴ってどれだけ変動したといえるか。最も適切な値を，次の①～⑤のうちから1つ選べ。
   ① −0.30m ② −0.50m ③ ＋0.80m
   ④ ＋1.00m ⑤ ＋1.30m

(2) 地震後2，3年間を除き，室戸岬の平常時の沈降速度が0.60cm/年だと仮定する。平常時の変動が12万年間継続したときの沈降量は何mになるか。

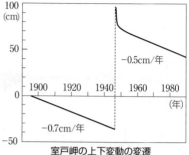
室戸岬の上下変動の変遷

(3) 室戸岬では，12万年前に海岸線付近で形成された地形面が標高$1.8×10^2$mに位置している。1回の地震の際の隆起量が(1)の値と仮定したとき，南海地震の発生周期は何年になるか。有効数字2桁で求めよ。

(10 長崎大 改)

思考 **論述**

58. 地震波の解析 次の文章を読み，以下の各問いに答えよ。

　地震は，地殻やマントルに蓄積したひずみが一瞬で開放されることによって発生する。地震が発生すると，地震波が地球全体に伝わっていく。地震によって震源から伝わる地震波には，縦波であるP波と横波であるS波の2種類がある。この地震波を解析すると，（　A　）が求められる。日本ではこれらの公式な地震情報は，気象庁から発表される。地震情報を見ると，マグニチュードの小さな地震の方が大きな地震よりも最大震度が大きいことがある。また，一般に，地震は超高温・超高圧下では発生しないと考えられているが，深さ600〜700km付近でも地震が発生していることもわかる。日本では，地震による大きな揺れを事前に知らせるシステムである緊急地震速報が2007年から実用化された。これは，地震波の速度の違いを利用した新しい地震情報である。

(1) 文章中の空欄（　A　）に入る語句として，**あてはまらないもの**を以下の①～④のうちから1つ選べ。
　① 震源　　② マグニチュード　　③ 地震発生時刻　　④ 津波の有無

(2) 下線部の地震について正しいものを，次の①～④のうちから1つ選べ。
　① 海洋プレートと大陸プレートの間で発生し，津波を伴うことが多い。
　② 海洋プレートの内部で発生し，その震源域は和達―ベニオフ帯と呼ばれる。
　③ 大陸プレートで発生し，マグニチュードが小さくても，大きな被害が発生することがある。
　④ マグニチュードが大きく，建物の倒壊や津波を含め多大な被害が発生する。

(3) 緊急地震速報よりも先に地震による大きな揺れを感じることがある。それは，どのような場合に起こるのか，「震源」「初期微動」の2つの語を用いて25字程度で簡潔に説明せよ。

(20 千葉大 改)

▶▶ 初動

観測地点でのP波による地面の最初の動きを初動という。震源から離れる動きの初動を、押しといい、上下成分は上向きである。一方、震源に向かう動きの初動を引きといい、上下成分は下向きである。

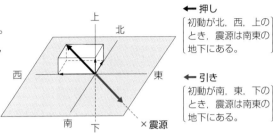

← 押し
初動が北、西、上のとき、震源は南東の地下にある。

← 引き
初動が南、東、下のとき、震源は南東の地下にある。

▶▶ 押し引き分布

初動の分布は、直交する直線で分割することができ、その直線の交点が震央になる。また、初動の分布は、地震の際の断層のずれと整合性がある。

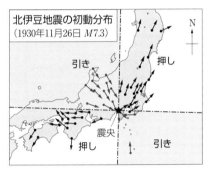

北伊豆地震の初動分布
（1930年11月26日 *M*7.3）
引き 押し
震央 押し 引き

北伊豆地震に伴った地形変動
●→ 三角点
1m 水平変位
丹那断層
相模湾
駿河湾
0 10km

知識
P波の初動 ◆次の文章を読み、以下の問いに答えよ。

図1は観測点Aにおける地震計の記録である。図2は、その地震を引き起こした震源断層と周辺の観測地点を模式的に示したものである。

(1) 観測点Aにおける初動は、押し、引きのいずれか。

(2) Aにおける初動の東西および南北成分の方向を、それぞれ答えよ。

(3) 震源断層の動いた方向は、図のア、イいずれか。

(4) 図の観測点B、C、Dのうち、初動が引きの地点をすべて答えよ。

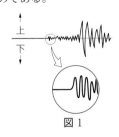

上 下

図1

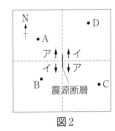

N
• D
• A
ア ↑↓ イ
イ ↓↑ ア
B • • C
震源断層

図2

4 | 火山活動

1 火山の分布と地形

❶世界の火山の分布

世界の火山分布は３つに分けられる。

(1)**沈み込み帯** 海溝に沿って大陸プレートに帯状に分布する。日本などの環太平洋地域。

(2)**中央海嶺** 玄武岩質マグマが海底に噴出し，枕状溶岩になる。

(3)**ホットスポット** ハワイなど。

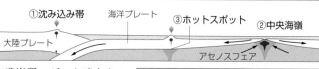

凡例：海溝　活火山　中央海嶺　①　②　③ハワイ

①沈み込み帯　海洋プレート　③ホットスポット　②中央海嶺
大陸プレート　アセノスフェア

玄武岩質マグマを噴出する。

❷マグマの発生する場所

火山の分布するところの下ではマグマが発生している。マグマは，地殻やマントルが部分的に溶けて発生する。

(1)**沈み込み帯** 沈み込んだ海洋プレートから水を供給されたマントルが部分的に溶けてマグマが生じる。マグマは周囲より密度が小さく，周囲の岩石を溶かして混ざり合いながら上昇する。

(2)**中央海嶺** 海洋プレートが裂けて広がっていくところへ上昇してくるマントルが，部分的に溶けてマグマが生じる。

(3)**ホットスポット** プレートの下まで上昇してくるマントルが，部分的に溶けマグマが生じる。

❸日本の火山の分布

(a)**活火山** 日本に分布する火山のうち，過去およそ**1万年以内に噴火した火山**，および現在活発な噴気活動のある火山は，活火山と呼ばれる。日本には，111の活火山がある。

沈み込み帯
海洋プレートが大陸プレートの下に沈み込むところ
〈例〉日本
水の供給

中央海嶺
海洋プレートが裂けてマントルが上昇してくるところ
海洋プレート
マントルの上昇

ホットスポット
外核の表面から柱状の高温のマントルが上昇するところ
〈例〉ハワイ
海洋プレート
マントルの上昇

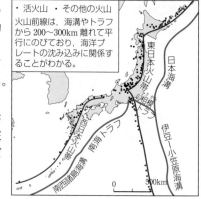

・活火山　・その他の火山
火山前線は，海溝やトラフから200〜300km離れて平行にのびており，海洋プレートの沈み込みに関係することがわかる。

日本海溝　伊豆-小笠原海溝　東日本火山帯（那須火山帯）　南海トラフ　西南日本火山帯　南西諸島海溝

0　500km

⒝**火山前線**　日本の数多くの火山は帯状に分布し，**東日本火山帯**と**西日本火山帯**に分けられる。この 2 つの火山帯の海溝やトラフ側のへりは，**火山前線（火山フロント）**と呼ばれ，海溝やトラフとほぼ平行にのびている。沈み込んだ海洋プレートからの水によってマントル内でマグマが発生し，これが上昇して形成されたのが日本の火山である。

2　火山の噴火

❶マグマの性質と噴火の様式・火山の形　噴火の様式と火山の形は，マグマの性質によって異なり，噴火のようすは，マグマに含まれる気体成分の抜け方によっても異なる。

マグマの性質と噴火の特徴

	温度	粘性	SiO₂	噴火のようす
玄武岩質マグマ 安山岩質マグマ	高い1200℃	低い	少ない	穏やか
デイサイト質マグマ 流紋岩質マグマ	低い900℃	高い	多い	激しい

❷火山噴出物　火山噴出物には，火山ガス，溶岩，火山砕屑物がある。

火山ガス
ほとんどが水蒸気で，二酸化炭素や二酸化硫黄を含む。圧力が下がったとき，一気に発泡する。

溶岩
地表に噴出したマグマ。高温で溶けているもの，冷えて固結したものの両方を指す。マグマから気体成分が抜けているので，地下のマグマとは成分が異なる。

火山砕屑物（火砕物）
冷えて固まったマグマなどの断片で，大きさ，色，形によって分類される。

大きさ	火山灰	2mm 以下
	火山礫	2〜64mm
	火山岩塊	64mm 以上
色	軽石	多孔質で白っぽい
	スコリア	多孔質で黒っぽい
形	火山弾	紡錘形のものなど

❸火砕流　高温の火山ガスと火山砕屑物が混ざり，高速で地表を流動する現象を火砕流という。地表からの厚さが数百m，温度が数百℃，100km/h で流動するものもある。

大規模な噴火で上昇した噴煙柱の一部が崩れ落ちる。

噴煙柱

火砕流

溶岩ドームが爆発，崩壊して発生する。

溶岩ドーム

火砕流

❹単成火山と複成火山　一連の噴火活動でできた単成火山は，噴火期間が10年程度で小規模である。一方，何度も噴火をくり返してできた複成火山は，何万年もの間，噴火をくり返して大型になる。また，噴火の間の休止期間や噴火回数は，火山によって異なる。

❺火山の形

＊火山の爆発などでできた凹地のうち，直径2km以上のものもカルデラと呼ぶ。

単成火山	複成火山		
溶岩ドーム（溶岩円頂丘） 昭和新山 など 1 km 流紋岩質の粘性の高い溶岩が，火口の上にドーム状に盛り上がったもの。	溶岩台地　　デカン高原など 10km		粘性の低い玄武岩質の溶岩からなる平坦な地形の火山。
	盾状火山　　マウナロア山など 10km		玄武岩質の溶岩と少量のスコリアが積み重なってできた，なだらかな斜面をもつ火山。
火砕丘（噴石丘） 伊豆大室山 など 1 km 玄武岩質～安山岩質のマグマによって形成される。火口の周りに，粒の大きい火山砕屑物が積み上げられてできたもの。	成層火山　　富士山など 10km		玄武岩～安山岩質の火山砕屑物と溶岩流の重なりがいくつも積み重なってできた，大きな円錐形の火山。
	カルデラ＊　　阿蘇山など 中央火口丘　外輪山 10km		成層火山などが，大量の火山噴出物を噴出したのちに，中央部が陥没してできた凹地。

3 火成岩

❶火成岩の産状　火成岩のうち，マグマが急速に冷えて固まったものを火山岩という。火山岩は，火山体のほか，岩脈，岩床などの小規模な岩体として産する。一方，地下深くで，マグマがゆっくり冷えて固まったものを深成岩という。深成岩は，底盤（バソリス）と呼ばれる大規模な岩体として産する。

❷火成岩の組織

(a)**鉱物の形**　マグマが冷えていくとき，初めに結晶になる鉱物は，すべての面が鉱物本来の結晶面で囲まれた自形となる。その後に結晶になった鉱物は，部分的に結晶面をもつ半自形や，本来の結晶面をもたない他形となる。

(b)**斑状組織と等粒状組織**　マグマが地下深くにあるときにできた大きな結晶（斑晶）と，マグマが地表に噴出するなどして急冷してできた小さな鉱物の集まりや火山ガラス（石基）からなる組織を斑状組織という。

　　マグマが地下深くでゆっくり冷えてできた数種類の大きさのそろった鉱物が集まった組織を等粒状組織という。火山岩は斑状組織，深成岩は等粒状組織を示す。

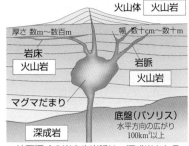

※地下深くの岩床や岩脈は，深成岩となる。

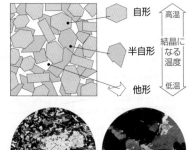

斑状組織　　　　等粒状組織

❸火成岩の造岩鉱物

有色鉱物 (苦鉄質鉱物)	かんらん石，輝石，角閃石，黒雲母
無色鉱物 (ケイ長質鉱物)	斜長石，カリ長石，石英

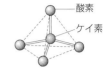

(a)**へき開**　鉱物が決まった方向に割れる性質をへき開という。

(b)**ケイ酸塩鉱物**　ケイ素 Si と酸素 O が結合した SiO_4 四面体を基本とする。石英は，SiO_4 四面体のみの集まりであるが，他のケイ酸塩鉱物は SiO_4 四面体が金属イオンで結ばれた鎖状や網状の構造をもつ。鉱物によって含まれる金属イオンの種類は決まっており，同じ鉱物でも，金属イオンはさまざまな割合でおきかわって変化する。

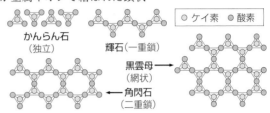

❹火成岩の種類

火成岩は，火山岩と深成岩に分けられ，SiO_2 の量の少ないものから順に，超苦鉄質，苦鉄質，中間質，ケイ長質に分けられる。火成岩は，有色鉱物の割合（色指数）でも分けられるが，火山ガラスに富む火山岩は，色指数では分類できないこともある。色指数による区分は，造岩鉱物の種類と量，火成岩全体の化学組成にもとづく分類と対応することが多い。

※安山岩と流紋岩の中間の性質をもつ火山岩を，デイサイトという。

岩石 の分類	超苦鉄質	苦鉄質	中間質	ケイ長質	
火山岩		玄武岩	安山岩	デイサイト	流紋岩
深成岩	かんらん岩	斑れい岩	閃緑岩	花こう岩	

造岩鉱物 体積(%)：Ca に富む，石英，斜長石，かんらん石，輝石，角閃石，その他の鉱物，Na に富む，カリ長石，黒雲母

主要酸化物 質量(%)：Al_2O_3，$Fe_2O_3 + FeO$，MgO，CaO，Na_2O，K_2O

SiO_2 質量(%)	45	50　52	60	63(66)*	70
色指数	約70		約40		約20

＊中間質とケイ長質の境界のSiO_2の量は，出典により数値が多少異なる。

1 マグマの性質と火山の噴火について，次の表の（　　　）に適する語句を入れよ。

マグマの性質		玄武岩質 ←──────→ 安山岩質 ←──────→ デイサイト質・流紋岩質		
溶岩の温度		（　1　）		（　2　）
溶岩の粘性		（　3　） ←──────────────────→		（　4　）
噴火のようす		（　5　） ←──────────────────→		（　6　）
火山の形	複成火山	溶岩台地・（　7　）　　（　8　）		
	単成火山	火砕丘		（　9　）

2 次の文の（　　　）に適する語句を入れよ。

世界の火山の分布は，日本などのように海洋プレートの（　1　）帯，海底の大山脈である（　2　），ハワイなどの（　3　）の3つに分けられる。

3 次の文章中の（　　　）に適する語句を入れよ。

火山噴出物には，火山ガス，火山砕屑物，溶岩があり，火山ガスの主成分は（　1　）である。火山砕屑物は，大きさによって，小さいものから（　2　），（　3　），（　4　）に分けられ，さらに紡錘形など特定の外形をもつものは（　5　），多孔質で白っぽいものは（　6　），多孔質で黒っぽいものは（　7　）と呼ばれる。また，高温の火山ガスと火山砕屑物が混じったものが，高速で地表を流動する現象を（　8　）という。

4 次の文章中の（　　　）に適する語句を入れよ。

日本の火山帯の下ではマントルが部分溶融する。溶融した液体と固体の混じったかたまりは周囲よりも（　1　）が小さいために上昇し，深さ数kmで停止して（　2　）をつくる。そこで圧力が高まり，（　3　）が地表に噴出すると火山になる。こうして形成された火山は帯状に分布し，その東縁を（　4　）という。

5 火成岩の分類表の空所に適語を答えよ。

	産状	組織	分類			
			少ない ←────── SiO_2 量 ──────→ 多い			
			（　1　）質	（　2　）質	中間質	（　3　）質
火山岩	岩脈・（　4　）	（　5　）		（　8　）	（　9　）（　10　）	（　11　）
深成岩	（　6　）	（　7　）	かんらん岩	（　12　）	（　13　）	（　14　）

知識

59. 火山の特徴◆地球上の火山について述べた文として誤っているものを，次の①〜④のうちから1つ選べ。

① 日本の火山は，溶岩流と火山砕屑物が交互に積み重なってできた成層火山が多い。

② 島弧に分布する火山は，海溝に平行に配列し，火山前線（火山フロント）を形成する。

③ ホットスポットの火山では，プレートの内部においてマグマが発生し，地表に噴出する。

④ 溶岩ドームを構成する岩石は，粘性の高いマグマから形成されたもので，その色指数は小さい。 (15 センター試験本試 改)

知識

60. 火山活動◆火山活動について述べた文として最も適当なものを，次の①〜④のうちから1つ選べ。 (18 センター試験追試 改)

① 火砕流は多くの場合，玄武岩質のマグマが噴出する際に発生する。

② 火山ガスの主な成分は，水蒸気と二酸化ケイ素である。

③ 火山噴火は，主にマグマ中のガス成分の発泡によって引き起こされる。

④ 噴出時のマグマの温度が高いほど，爆発的な噴火が起こりやすい。

知識

61. マグマの性質と火山の形◆以下の図は，さまざまな性質のマグマが噴出して形成された火山 a〜c の断面を模式的に示している。これらの火山を形成したマグマの性質として適当なものを，次の①〜③のうちからそれぞれ選べ。

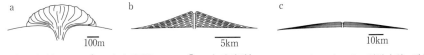

① 流紋岩質　　　② 安山岩質　　　③ 玄武岩質 (19 センター試験本試 改)

知識

62. 火成岩に含まれる鉱物◆火成岩や鉱物について述べた文として最も適当なものを，次の①〜④のうちから1つ選べ。 (24 共通テスト本試 改)

① 造岩鉱物は，原子が不規則に配列しているのが特徴である。

② 深成岩は，複数の種類の鉱物とガラスで構成されていることが多い。

③ 安山岩と閃緑岩の違いは，マグマの化学組成の違いを反映している。

④ 苦鉄質岩には，斜長石，輝石，かんらん石が含まれていることが多い。

知識

63. 火成岩に含まれる鉱物の組合せ◆ある火山の岩石は斑状組織を示し，自形の石英と有色鉱物を斑晶として含んでいた。この火山の形と岩石に含まれる有色鉱物の組合せとして最も適当なものを，次の①〜④のうちから1つ選べ。 (16 センター試験追試 改)

	火山の形	有色鉱物		火山の形	有色鉱物
①	溶岩ドーム	かんらん石	②	溶岩ドーム	黒雲母
③	盾状火山	かんらん石	④	盾状火山	黒雲母

例題12 マグマの性質と噴火の様式 [知識]　　　　　　　⇒問題64, 66, 74, 75

次の文章の（　　）に適する語を入れよ。

（　1　）の一部が海面に出たアイスランドの火山や，プルームが上昇する（　2　）にあるハワイ島の火山は，（　3　）質のマグマで，比較的穏やかに噴出し，溶岩台地や（　4　）を形成している。これに対し，地中海の灯台と呼ばれる（　5　）島は，安山岩質のマグマで，2500年以上前から休みなく激しい噴火を続け，火山砕屑物と溶岩が交互に重なった（　6　）を形成している。このような，火山の噴火様式と形は，（　7　）質なほど高くなるマグマの粘性などの性質に関わっている。

| 考え方 | ●中央海嶺やホットスポットでは玄武岩質マグマを生じ，比較的穏やかに噴火する。アイスランドは，中央海嶺が海面上に出た火山島で，中央海嶺の中軸に沿った噴火が起こっている。アイスランドやハワイ島でみられる穏やかな噴火は，アイスランド式，ハワイ式と呼ばれる。
●噴火の様式には，マグマの粘性が影響する。SiO_2 成分が多いケイ長質マグマほど，粘性が高くなり，激しい噴火をする。ストロンボリ島のような激しい噴火はストロンボリ式，さらにマグマの粘性が高く，爆発的な噴火はブルカノ式と呼ばれる。ストロンボリ島もブルカノ島も地中海のシチリア島の北にある小さな火山島である。日本の桜島の噴火は，ブルカノ式にあたる。

| 解答 | (1) 中央海嶺　　(2) ホットスポット　　(3) 玄武岩　　(4) 盾状火山
(5) ストロンボリ　(6) 成層火山　　(7) ケイ長（流紋岩）

例題13 火成岩の組織 [知識]　　　　　　　　　　　　⇒問題69, 76, 77

図は，偏光顕微鏡で観察した火成岩の組織を模式的に示したものである。次の各問いに答えよ。

(1) (ア)および(イ)はそれぞれ何という組織か。

(2) (ア)の組織をもち，SiO_2 の質量％が70％の岩石は何か。

(3) (イ)の組織をもち，SiO_2 の質量％が50％の岩石は何か。

(4) (ア)の造岩鉱物A，B，Cを晶出した順に並べよ。

(5) (イ)の大きな結晶の周囲を埋めるDの部分の名称を答えよ。

(6) (イ)の岩石のDの部分を構成する小さな結晶以外のものは何か。

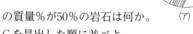

| 考え方 | ●組織によって深成岩と火山岩を見分ける。超苦鉄質・苦鉄質・中間質・ケイ長質の境界の SiO_2 の質量％は，45％，52％，63％（66％：出典により数値は多少異なる）である。
●マグマ中で鉱物ができるとき，結晶になる温度が高いものから順に結晶となり，鉱物の形は順に，自形→半自形→他形となる。
●マグマが急速に冷やされるほど，結晶は成長できないため小さくなる。冷え方がさらに急速な場合は，結晶になれず火山ガラスとなり，斑状組織の石基の部分になる。

| 解答 | (1) (ア) 等粒状組織　　(イ) 斑状組織　　(2) 花こう岩　　(3) 玄武岩
(4) B→A→C　　(5) 石基　　(6) 火山ガラス

基|本|問|題

64. 知識 **火山前線**●火山について，次の各問いに答えよ。

(1) 日本列島の火山はプレートの沈み込み帯に位置している。火山前線（火山フロント）において，地表から沈み込むプレートの上面までのおよその深さを，次の①〜④のうちから1つ選べ。

　　① 1 km 　　② 10 km 　　③ 100 km 　　④ 1000 km

(2) 火山から噴出する直前の，SiO_2 を50％程度含む玄武岩質マグマ（玄）と，SiO_2 を70％程度含む流紋岩質マグマ（流）の温度の組合せとして最も適切なものを，次の①〜④のうちから選べ。

　　① （玄） 300℃ 　（流） 500℃ 　　　② （玄） 500℃ 　（流） 300℃
　　③ （玄） 900℃ 　（流） 1200℃ 　　④ （玄） 1200℃ 　（流） 900℃ 　　（10 東北大）

65. 知識 **火山の噴火**●図のように，日本の火山では，地下にマグマだまりをもつものが多い。地下にあるマグマが上昇すると噴火が起きる。噴火によって，溶岩のほかに火山ガスや火山灰などが噴出する。次の各問いに答えよ。

マグマだまり

(1) マグマだまりについて述べた文として最も適当なものを，次の①〜④のうちから1つ選べ。

　　① マグマだまりは，マグマが発生する場所である。
　　② マグマだまりのマグマは，地下水に岩石が溶けてできたものである。
　　③ マグマだまりのマグマは，周囲の岩石とほぼ同じ密度になっている。
　　④ マグマだまりは，リソスフェアとアセノスフェアの境界にできる。

(2) 噴火を起こすしくみとして最も適当なものを，次の①〜④のうちから1つ選べ。

　　① マグマだまりでマグマが冷えると，体積が大きくなるから。
　　② マグマだまりの熱で周囲の岩石から気体が発生するから。
　　③ マグマだまりの圧力が下がって，マグマから気体が発生するから。
　　④ マグマだまりの熱で周囲の岩石を溶かし，マグマの体積が大きくなるから。

(3) 火山ガスに含まれる成分として最も多いものを，次の①〜④のうちから1つ選べ。

　　① 酸素 　　② 水蒸気 　　③ 硫化水素 　　④ アンモニア

(4) 噴火によっては，固まりかけた溶岩が破壊されて生じた噴出物と，揮発性成分のガスが混ざり合って高速で地表を流動する現象が生じることがある。これを何というか。

(5) 次のマグマを，粘性の高い順に並べよ。

　　① 安山岩質マグマ 　　　　② 玄武岩質マグマ
　　③ デイサイト質マグマ 　　④ 流紋岩質マグマ

(6) 水中に噴出した玄武岩質のマグマが，表面から急激に冷やされ，丸みをおびて固まってできた溶岩の名称を答えよ。

（00　センター試験本試，16　高卒認定試験　改）

知識

66. 火山の形と溶岩の性質 ●火山に関する文章を読み，以下の各問いに答えよ。

(a)　　　　　　　　(b)　　　　　　　(c)　　　　　　(d)

火山は，活動するマグマの性質や噴火の様式によってさまざまな形の山体を形成する。（　ア　）は，₍ₑ₎粘性の低い溶岩がくり返し大量に流出することでつくられ，（　イ　）は₍f₎粘性の高い溶岩がゆっくりと流出することでつくられる。

(1) 4つの代表的な火山の形の模式図(a)〜(d)の火山地形の名称を答えよ。

(2) 単成火山はどれか，図の(a)〜(d)から選び，記号で答えよ。

(3) 図の(c)の火山は，2種類の噴出物が交互に堆積してできている。2種類の噴出物の名称を答えよ。

(4) 空欄（　ア　）・（　イ　）に入れる火山地形の模式図の組合せとして最も適当なものを，次の①〜④から1つ選べ。

①　ア (b)　　イ (a)　　　　②　ア (b)　　イ (d)

③　ア (c)　　イ (a)　　　　④　ア (c)　　イ (d)

(5) 下線部(e)・(f)に関連して，粘性の低い溶岩と粘性の高い溶岩のそれぞれに含まれやすい有色鉱物の組合せとして最も適当なものを，次の①〜⑥から1つ選べ。

	粘性の低い溶岩	粘性の高い溶岩		粘性の低い溶岩	粘性の高い溶岩
①	黒雲母	かんらん石	②	黒雲母	石英
③	かんらん石	黒雲母	④	かんらん石	石英
⑤	石英	かんらん石	⑥	石英	黒雲母

(18　センター試験追試　改)

知識

67. 火山の形と噴火 ●噴火をくり返してきた火山の溶岩(ア)には，かんらん石と Ca に富む斜長石とが含まれ，一度の噴火で生じた火山の溶岩(イ)には，石英とカリ長石と Na に富む斜長石とが含まれていた。次の各問いに答えよ。

(1) 溶岩(ア)，溶岩(イ)をつくったマグマの性質として最も適当なものを，それぞれ選べ。

①　流紋岩質マグマ　　　②　安山岩質マグマ　　　③　玄武岩質マグマ

(2) 溶岩(ア)，溶岩(イ)を噴出した火山の形として最も適当なものを，それぞれ選べ。

①　火砕丘　　②　溶岩ドーム　　③　成層火山　　④　盾状火山

(3) 溶岩(ア)を噴出した火山の山体の隆起・沈降と，噴火時期との関係を表す図として最も適当なものを，次の①〜④のうちから1つ選べ。

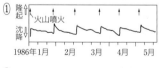
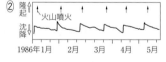
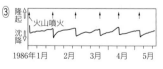
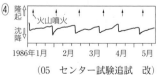

(05　センター試験追試　改)

思考

68. **枕状溶岩** ●次の文章中の空欄（　ア　）・（　イ　）にあてはまる語を，以下の①〜④からそれぞれ1つ選べ。

枕状溶岩は，マグマが水中に噴出すると形成される。図は，積み重なった枕状溶岩の断面のスケッチである。マグマの表面が水に直接触れたため，右の拡大した図中で，表面に近い部分aは，内部の部分bよりも冷却速度が（　ア　）と予想できる。冷却速度の違いは，部分aの方が部分bよりも石基の鉱物が（　イ　）ことから確かめられる。

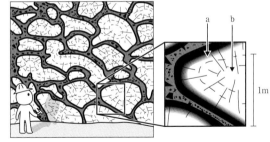

図 積み重なった枕状溶岩の断面が見える露頭とその一部を拡大したスケッチ

① 速い 　　② 遅い 　　③ 粗い 　　④ 細かい 　　(21 共通テスト 改)

知識

69. **造岩鉱物** ●右図は，火成岩の薄片を偏光顕微鏡で観察したスケッチである。図1の火成岩Xでは，比較的大きな斜長石や輝石からなる粗粒な結晶のすき間を，小さな鉱物や火山ガラスが埋めている。一方，図2の

図1 火成岩Xの薄片スケッチ 　　図2 火成岩Yの薄片スケッチ

火成岩Yでは，斜長石，石英，黒雲母，カリ長石の結晶がすき間なく集まっている。

(1) 図1の火成岩Xの組織について述べた文として最も適当なものを，次の①〜④から1つ選べ。

① 小さな鉱物や火山ガラスは，粗粒な結晶よりも先に形成されている。

② マグマが地表付近で急速に冷えてできた組織である。

③ 粗粒な結晶と小さな鉱物や火山ガラスからなる等粒状組織である。

④ 粗粒な結晶は石基と呼ばれ，自形を示すものが多い。

(2) 図2の火成岩Yの組織にみられる鉱物のうち，有色鉱物に分類されるものを，次の①〜④から1つ選べ。

① 斜長石 　　② カリ長石 　　③ 石英 　　④ 黒雲母

(3) 火成岩XとYに含まれている斜長石の違いについて説明した文として最も適当なものを，次の①〜④から1つ選べ。

① Xの方がYよりも，カルシウムが多く，ナトリウムが少ない。

② Xの方がYよりも，ナトリウムが多く，マグネシウムが少ない。

③ Xの方がYよりも，鉄が多く，カルシウムが少ない。

④ Xの方がYよりも，マグネシウムが多く，鉄が少ない。 　　(19 高卒認定試験 改)

70. 造岩鉱物 ●以下の文章を読み，各問いに答えよ。

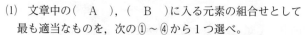

岩石を形づくる鉱物は造岩鉱物と呼ばれ，多くの造岩鉱物は，右図のように4つの（　A　）原子が1つの（　B　）原子を取り囲んだ四面体が，鎖状や網状につながった結晶構造をつくっている。

(1) 文章中の（　A　），（　B　）に入る元素の組合せとして最も適当なものを，次の①〜④から1つ選べ。

① A：酸素　B：ケイ素　　② A：炭素　B：ケイ素
③ A：酸素　B：鉄　　　　④ A：炭素　B：鉄

(2) 岩石に含まれる鉱物の一般的な特徴を述べた文として誤っているものを，次の①〜④から1つ選べ。

① 石英は，無色か白色であり，Na や Ca を含む。
② 黒雲母は，茶褐色から黒褐色の有色鉱物で，板状の外形を示す。
③ かんらん石は，淡緑色の有色鉱物で，Fe や Mg を含む。
④ 輝石は，Fe や Mg を含む有色鉱物で，褐色から緑色を示す。

(19　高卒認定試験，15　センター試験本試　改)

71. 火成岩の分類 ●図は，含まれる SiO_2 の割合による火成岩の区分と主な造岩鉱物の量（体積%）を示している。

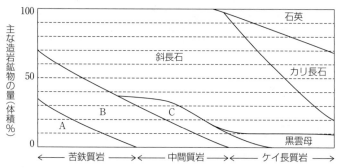

(1) 図のA〜Cに入れる主な造岩鉱物の組合せとして最も適当なものを，表の①〜⑥のうちから1つ選べ。

	A	B	C		A	B	C
①	輝石	角閃石	かんらん石	②	輝石	かんらん石	角閃石
③	かんらん石	輝石	角閃石	④	かんらん石	角閃石	輝石
⑤	角閃石	輝石	かんらん石	⑥	角閃石	かんらん石	輝石

(2) Aの造岩鉱物を最も多く含む火山岩名を答えよ。

(3) 岩石の色指数は，図の右側に向かって大きくなるか小さくなるか，答えよ。

(18　センター試験本試　改)

[知識]
72. 火山の分布 次の文章を読み，各問いに答えよ。

地球上の火山は，主に，中央海嶺，ホットスポット上，海溝の大陸側に分布する。中央海嶺とホットスポット上の火山岩は，主に玄武岩であるのに対し，海溝の大陸側の火山では玄武岩，安山岩，流紋岩など (a)多様な火山岩が認められる。

中央海嶺と (b)ホットスポットでは，マントルが上昇し，マントルの岩石が部分溶融してマグマが形成される。

海溝の大陸側の火山は海溝に平行に分布するが，図に示すように (c)ある境界より海溝側ではみられない。

図中凡例：
• 活火山
○ その他の第四紀火山
━ 海溝・トラフ

(1) 下線部(a)の多様な火山岩は多様なマグマから生じる。マグマの形成の説明として，適当なものを次の①～④のうちから1つ選べ。

① 地域によって，マントルの成分が違うため多様な種類のマグマができる。

② マグマの種類は海溝からの距離によって変化する。

③ マントルからできるマグマは一様であるが，噴出するまでに多様なマグマに変化する。

④ マグマの種類は火山の形成年代によって異なる。

(2) 下線部(b)のマントル深部からの，熱や物質の柱状の上昇流を何というか。

(3) 下線部(c)の境界を何というか。
(07 筑波大 改)

[知識]
73. 火山の噴火 火山の噴火に関する次の文章を読み，各問いに答えよ。

日本列島は，地下の深くの（　ア　）が溶けてマグマが発生するような条件のそろいやすい場所に位置するため，火山が多く存在する。

地下深部で発生したマグマは，深部の岩石よりも（　イ　）が小さいので，浮力によって地殻の中部～浅部まで上昇し，マグマだまりをつくって一時的に蓄えられる。マグマには揮発性成分が含まれており，マグマが上昇して圧力が下がると，揮発性成分が溶けきれなくなって発泡する。発泡したマグマの（　イ　）はさらに小さくなるので，マグマは上昇し，地表に達して噴火が起こる。

(1) 文章中の空欄（　ア　）・（　イ　）に入る語として最も適当なものを，次の①～⑥のうちからそれぞれ1つずつ選べ。

① ホットスポット　　② プレート境界　　③ マントル

④ 圧力　　　　　　　⑤ 密度　　　　　　⑥ 体積

(2) 下線部に関連して，揮発性成分として**適当でないもの**を，次の①～④のうちから1つ選べ。

① 水蒸気　　② 二酸化炭素　　③ 二酸化硫黄　　④ 酸素
(20 山形大 改)

思考 論述

74. マグマの性質と火山噴火 ▨次の文章を読み，各問いに答えよ。

マグマが地下深所から地表近くへ移動して圧力が下がり，マグマに含まれるガス成分が一気に発泡すると，爆発的な噴火が生じる。また，爆発の性質はマグマの粘性とも関係がある。マグマの粘性の低いハワイのキラウエア火山の噴火は穏やかであり，マグマの粘性の高い1991年のフィリピンのピナツボ火山の噴火は爆発的で，噴煙が高く上がり，火砕流₍ₐ₎も発生した。また，雲仙普賢岳のマグマも粘性が高かったが，火口からのマグマの放出は爆発的ではなく，ₐゆっくりと火口から押し出された溶岩が，あまり流れずに盛り上がった地形をつくった。粘性の高いマグマが爆発的に噴火すると大きな凹地が形成され，特に規模の大きな噴火では，ₒ直径が数十kmにもおよぶ巨大な陥没地ができることもある。

(1) マグマに含まれるガス成分で最も多いものの化学式を答えよ。

(2) マグマの粘性に関係するマグマの主成分の化学式を答えよ。

(3) キラウエア火山の粘性の低いマグマから生じる火山岩の名称を答えよ。

(4) 下線部 a の現象を，温度，構成物，流れの速さなどについて簡潔に説明せよ。

(5) 下線部 b の火山地形の名称を答えよ。

(6) 下線部 c の火山地形の名称を答えよ。

(10 秋田大 改)

思考

75. マグマの性質と火山噴火 ▨次の各問いに答えよ。

(1) 二酸化ケイ素 SiO_2 量が73%で，水などのガス成分の含有量が高いマグマが地表に噴出したとき予想されることとして，最も適切と思われるものを次の①〜④のうちから1つ選べ。

　① 水で溶岩が粉砕されて多量の火山弾が生じ，火砕丘(スコリア丘)をつくる。

　② 多量の安山岩質の溶岩を噴出した後に，火砕流が発生する。

　③ 火山ガスや火山灰を激しく放出し，溶岩ドームを形成する。

　④ 火山灰を多量に噴出しながら，盾状火山を形成する。

(2) フジコさんは，火山に関連する言葉をつないだ図を，A〜Eの5つの項目に着目して描いてみた。フジコさんは図を見直して，1つの項目について言葉が上下入れ替わっていることに気づいた。どの項目の言葉を入れ替えると図は正しくなるか。最も適当なものを，あとの①〜⑤のうちから1つ選べ。

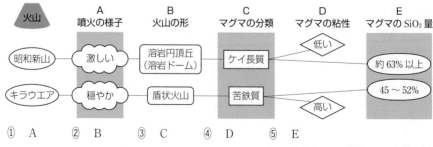

① A　② B　③ C　④ D　⑤ E

(14 東北大, 23 共通テスト本試 改)

知識

76. 火成岩の組織 火成岩は石材として広く利用されている。図は，石材Aと石材Bのプレパラート(薄片)を偏光顕微鏡で観察して描いたスケッチである。

石材A

斜長石／石英／カリ長石／石英／黒雲母／カリ長石

石材B

斜長石／かんらん石／石英

1mm

細粒鉱物や火山ガラス

(1) 石材Aと石材Bの分類について述べた文aと，石材Aと石材Bが形成された過程について述べた文bの正誤を答えよ。

  a　石材Aはケイ長質岩で，石材Bは苦鉄質岩である。

  b　石材Aはマグマが地下深い場所でゆっくり冷えてできたものだが，石材Bはマグマが地表もしくは地表近くで急速に冷えてできたものである。

(2) 以下の文章中の空欄(　c　)～(　e　)に適する語句を答えよ。

  図の石材Bにみられる大きな結晶を(　c　)といい，小さな結晶や火山ガラスの集まった部分を(　d　)という。そして，このような組織を(　e　)組織という。

(3) 石材Bの組成や構成鉱物から判断し，この岩石名を答えよ。

(4) 石材Aにも石材Bにも含まれる可能性のある鉱物を，次の①～④のうちから1つ選べ。

  ①　石英　　　②　カリ長石　　　③　角閃石　　　④　かんらん石

(16　センター試験本試　改)

思考

77. 火成岩の形成 文章を読み，次の各問いに答えよ。

誕生したばかりの地球の表面は，高温でマグマの海に覆われていたが，地球の冷却に伴い，マグマの海はかんらん石などの鉱物が順に晶出しながら固結し，固体のマントルが形成された。このころ始まった固体のマントルの対流運動は現在でも続いており，中央海嶺やホットスポットのようなマントルの上昇部ではマグマが発生している。

(1) 下線部のマグマが地中深くで固結したときの岩石名を答えよ。

(2) 図は(1)の岩石を顕微鏡で観察したときの模式図である。A，B，C，3種類の鉱物の晶出順序を答えよ。

(3) 表にマグマの海とかんらん石の化学組成(質量パーセント)を示す。10トンのマグマの海から6トンのかんらん石が結晶した後のマグマのSiO₂，FeO，MgO，CaOの化学組成を質量パーセントで求めよ。

(09　北海道大　改)

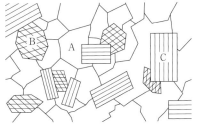

成分	マグマの海	かんらん石
SiO_2	45	42
Al_2O_3	1	0
Fe_2O_3	3	0
FeO	8	9
MgO	38	49
CaO	3	0
Na_2O	1	0
H_2O	1	0

78. 造岩鉱物 造岩鉱物に関する次の文章を読み，各問いに答えよ。

造岩鉱物には，かんらん石，輝石，角閃石，黒雲母，カリ長石，斜長石，石英などがある。

かんらん石，輝石，角閃石，黒雲母は（　ア　），（　イ　）を多く含み，色がついているので有色鉱物，斜長石やカリ長石，石英は無色または淡い色をしているので無色鉱物と呼ばれる。斜長石とカリ長石はSi，O以外にAlを多く含んでいる。斜長石は，すべての火成岩に含まれるが，苦鉄質の火成岩に含まれるものは（　ウ　）に富み，ケイ長質の火成岩に含まれるものは（　エ　）に富む。また，中間質からケイ長質の火成岩に含まれるカリ長石には（　オ　）が含まれている。石英は金属元素を含まず，化学組成はSiO_2である。

(1)　文章中の（　ア　）〜（　オ　）にあてはまる元素記号を答えよ。

(2)　文章中の下線部にあげたケイ酸塩鉱物のうち，上部地殻および上部マントルを構成する岩石に含まれる鉱物として多いものを，それぞれ1つずつ答えよ。

(3)　造岩鉱物はケイ酸塩鉱物で，1つのケイ素原子を囲む4つの酸素原子からなる四面体（図1）が連結している。角閃石では，四面体が2重の鎖状につながっている（図2）。角閃石のケイ素原子の数と酸素原子の数の比として正しいものを，次の①〜⑤のうちから選べ。

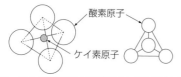

図1　SiO_4四面体の立体図（左）と平面図（右）　　図2　角閃石のSiO_4四面体の2重鎖構造（平面図）

①　1：2　　　②　2：5　　　③　4：11　　　④　1：3　　　⑤　1：4

(09　鹿児島大，15　九州大　改)

79. 火成岩の分類 ある火山では，2種類の深成岩M，Nが捕獲岩（火成岩中に含まれるその火成岩とは別の岩石）として見いださ

表1　鉱物の化学組成（質量%）

	SiO_2	Al_2O_3	FeO	MgO	Na_2O	K_2O
鉱物A	33.4	22.7	16.0	13.5	0.0	10.5
鉱物B	64.8	18.3	0.0	0.0	0.8	16.1

れた。深成岩Mは角閃石と斜長石，輝石からなり，深成岩Nは石英と斜長石，鉱物A，Bからなる。鉱物AおよびBの化学組成を表1に示す。次の各問いに答えよ。

(1)　深成岩Mの名称は何か。また，深成岩M，Nのうち，色指数が低いものはどちらか。それらの組合せとして最も適当なものを，次の①〜④のうちから1つ選べ。

	深成岩M	色指数が低い岩石		深成岩M	色指数が低い岩石
①	花こう岩	M	②	花こう岩	N
③	斑れい岩	M	④	斑れい岩	N

(2)　鉱物A，Bの組合せとして最も適当なものを，次の①〜⑥のうちから1つ選べ。

	A	B		A	B
①	黒雲母	カリ長石	②	カリ長石	かんらん石
③	輝石	角閃石	④	かんらん石	輝石
⑤	角閃石	黒雲母	⑥	かんらん石	カリ長石

(14　センター試験追試　改)

チャレンジ問題 **4** 「地学」に挑戦

▶▶ マグマの結晶分化作用

　マントル中で発生するマグマは，ホットスポット・中央海嶺・島弧のいずれの場合も玄武岩質マグマであるが，マグマだまりで冷えていくにしたがい，高温で結晶になる鉱物から順に晶出してマグマだまりの底に沈み，マグマの残液の組成は変化していく。このような過程を**マグマの結晶分化作用**という。

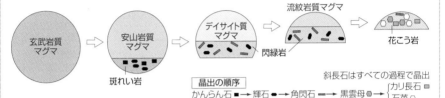

知識

マグマの結晶分化作用◆次の各問いに答えよ。

(1)　次の文の（　　　）に適する語を答えよ。

　　高温のマグマは冷えるにつれ，有色鉱物では（　ア　）→（　イ　）→（　ウ　）→（　エ　），無色鉱物では（　オ　）に富む斜長石→（　カ　）に富む斜長石・カリ長石・（　キ　）の順に晶出していく。マグマが冷える速さが速いほど，鉱物の結晶の大きさは（　ク　）くなる。また，マグマの残液の組成は，鉱物の晶出によってしだいに（　ケ　）に富んでいき，玄武岩質マグマ→（　コ　）質マグマ→（　サ　）質マグマ→（　シ　）質マグマへと変化していく。

(2)　右図は，ある火山岩の組織を模式的に示している。この岩石の場合，斑晶は斜長石であり，大きさが 1 ~ 2 mm以上に達し，丸みをおびたかんらん石を包有している。このような組織は，下の①~⑤の過程がある順序で起こることにより形成された。①~⑤を起こった順に並びかえよ。

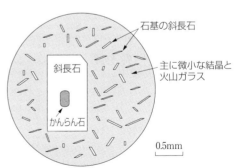

火山岩のプレパラート(薄片)を偏光顕微鏡で観察したときの模式図

①　斜長石の斑晶が，現在とほぼ同じ大きさ(1 ~ 2 mm)に達するまで成長した。

②　かんらん石が結晶した。

③　微小な結晶や火山ガラスからなる石基が形成された。

④　斜長石が成長して，かんらん石を包有した。

⑤　かんらん石が表面から融解して丸みをおびた。

(15　センター試験本試)

5 地球のエネルギー収支

1 大気の構成

❶大気の組成 大気の組成は高度約 **80 km** の中間圏までは，よく混合されていて，ほぼ一定である。

❷大気の圧力 気圧は，底面積が 1 m² の大気の柱が底面を押す力に相当する。（地上での大気圧＝標準大気 1013 hPa＝高さ約 10 m の水柱による圧力）

❸大気圏の構造 高度による気温変化で区分される。

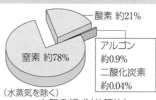

酸素 約21%
アルゴン 約0.9%
二酸化炭素 約0.04%
窒素 約78%
（水蒸気を除く）
大気の組成（体積比）

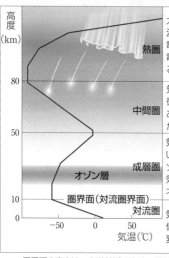

熱圏	太陽からの短波長の電磁波や高速の電子などを吸収するため，気温は高度とともに高くなる。高度90km以上には電離層が存在し，電波を反射する。極地方では，太陽から放出された電子などの荷電粒子と大気の原子や分子とが衝突し発光するオーロラがみられる。
中間圏	気温は高度とともに低くなる。彗星からの塵など宇宙空間からの微粒子が高速で地球大気に突入し，発光する流星の現象の下限である。最上部の熱圏との境界付近では，−80℃以下になり，夜光雲がみられる。
成層圏 オゾン層	気温は高度とともに高くなる。オゾンが多く存在する。オゾンの多い層をオゾン層といい，特に高度25km付近で多くなっている。オゾンは，酸素分子に太陽からの紫外線があたって生じる。成層圏の気温が高いのは，オゾンが紫外線のエネルギーを吸収して，熱のエネルギーに変換するからである。
対流圏 圏界面（対流圏界面）	気温は高度とともに低くなる。平均で，0.65℃/100mの気温減率で低下する。対流が活発で，雲ができたり雨が降ったりする天気の変化が起こっている。

圏界面の高度は，赤道付近で高く，極で低い。また，中緯度では夏に高く，冬は低くなっている。

2 大気の運動と気象

❶大気中の水 大気中には，水が気体（水蒸気），液体（水），固体（氷）の状態で存在する。このように，水が状態変化をするときに，温度変化を伴わず出入りする熱を潜熱という。

空気 1 m³ 中に存在できる水蒸気の質量を**飽和水蒸気量**（g/m³），水蒸気が飽和しているときの水蒸気圧を**飽和水蒸気圧**（hPa）という。

(a)相対湿度 ある温度の飽和水蒸気圧が a，実際の水蒸気圧が b のときの相対湿度は，

相対湿度(%) $= \dfrac{b}{a} \times 100$ で表される。

※相対湿度は，ある温度における飽和水蒸気量に対する実際の水蒸気量の割合（%）に相当する。

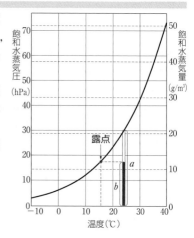

(b)**露点(露点温度)**　水蒸気が飽和していない空気の温度を下げていき，その空気が飽和状態になったときの温度を露点という。水蒸気は，空気中の微粒子を核(凝結核)として凝結し，水滴となる。このとき0℃以下で昇華が起こると氷の結晶(氷晶)ができる。

❷**雲の発生と降水**　上昇する空気塊は，上空ほど気圧が低いため膨張する。このとき，空気塊は周囲と熱のやり取りがなく膨張する(断熱膨張)ため，空気塊のもつエネルギーが消費され温度が下がる。空気塊の温度が露点に達すると，凝結し水滴を生じ，昇華が起こると氷晶ができる。こうした水滴や氷晶が雲粒になる。**雲ができ始める高さを凝結高度という。**

雲粒は，直径0.01mm程度の水滴や氷晶で，これらが成長し直径1mm程度になり，重くなると落下し，雨や雪などの降水となる。

3 太陽放射と地球放射

❶**太陽放射**　太陽は，膨大なエネルギーを電磁波として宇宙空間に放射している。これを太陽放射という。太陽放射は，波長の短い方からX線，紫外線，可視光線，赤外線などに分けられる。そのエネルギーの約半分は可視光線によるものである。太陽放射中の赤外線は，地表に到達する前に，大気中の水蒸気や二酸化炭素などに吸収される。地球大気の上端で，太陽光線に垂直な1m²の面積が1秒間に受けるエネルギーを太陽定数という。

太陽定数＝1.37(kW/m²)＝1.37×10³(J/m²s)

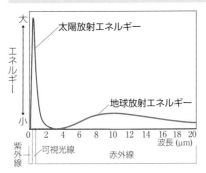

※地球放射エネルギーはエネルギーの量を強調(拡大)して表している。

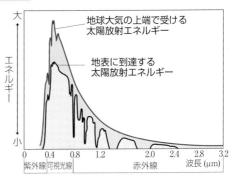

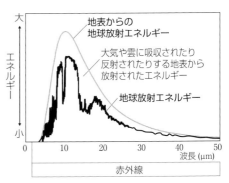

❷**地球放射**　地球も宇宙空間に電磁波を放射しており，これを地球放射という。地球は，太陽の表面温度約6000Kに比べて約288Kと低く，波長の長い赤外線を放射している(赤外放射ともいう)。また，地表から放出される赤外線は，大気や雲に吸収されるものが多く，一部の波長の赤外線だけが人工衛星などで観測される。

4 地球の熱平衡

❶大気のエネルギー収支(熱収支)　大気の上端に届いた太陽放射エネルギーのうち，約**30%**が雲・大気・地表に反射される。入射するエネルギーのうち反射されるエネルギーの割合を**アルベド(反射率)**という(→p.150)。また，大気の上端に届いた太陽放射エネルギーのうち約**20%**が大気や雲に吸収される。そのため，地表に吸収される太陽放射エネルギーは，大気の上端で受けるエネルギーの約**50%**である。

　一方，地表からは，**放射や対流・伝導・蒸発**によってエネルギーが**大気に放出**される。大気に吸収されたエネルギーは，地表と宇宙空間に放射される。

これらの結果，地表や大気に吸収される太陽放射エネルギーと，大気や地表から宇宙空間に放出される地球放射エネルギーは等しく，地球のエネルギー収支の平衡(熱平衡)が保たれている。

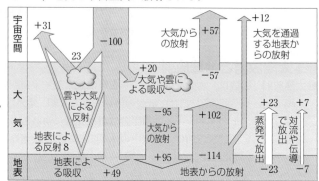

❷温室効果　大気中の二酸化炭素や水蒸気などは，太陽放射の可視光線は通過させ，地表からの赤外線を吸収する。このため，地表から放出される赤外線の一部は，大気に吸収されたのち，地表と宇宙空間に放射される。これによって，地表の熱がすぐに宇宙空間に放出されず，大気と地表に一時的に蓄えられ，地表や大気の温度が上昇し，地表の温度が平均約**15℃**に保たれている。このような大気の働きを**温室効果**という。

　また，赤外線を吸収し，温室効果を起こす気体を，**温室効果ガス**といい，二酸化炭素や水蒸気のほかに，メタン，一酸化二窒素，フロンなどがある。

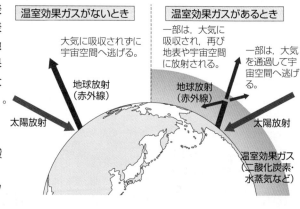

❸放射冷却　地表からの赤外線の放射によって，地表の熱が奪われ，気温が下がる現象を**放射冷却**という。風の弱い晴れた夜間は，放射冷却によって地表付近の気温が著しく低下する場合が多い。このように，放射冷却が強く働く場合や寒気の移流などによって，地表付近の気温が大きく下がると，本来は高度とともに気温が下降する対流圏で，部分的に高度が上がるほど気温が上昇する範囲が出現する。この範囲を**逆転層**という。

1 地表付近の大気の組成に関する右の表のア〜ウにあてはまる，最も適当な成分(気体名)を答え，次の問いに答えよ。

(問) 季節・地域によって大きく変化するため，通常，右のような表の中に記載されない成分(気体名)は何か。

(ア)	約78%
(イ)	約21%
アルゴン	約0.9%
(ウ)	約0.04%

2 大気の構造をまとめた以下の表の(　　)に適当な語句・数値を記入せよ。気温の変化(キ)〜(コ)については，下記の語群から選び，記号で答え，また，あとの問いに答えよ。

	対流圏	(ア)圏	(イ)圏	(ウ)圏
高度	地上　　約10km	約(エ)km	約(オ)km	
気圧	(カ)hPa	220hPa	0.8hPa	0.01hPa
気温の変化	(キ)	(ク)	(ケ)	(コ)

語群：{　A．高度とともに高くなる　　B．高度とともに低くなる　}

(問)　表の対流圏と(ア)圏の境界面を何というか。

3 次の文章中の(　　)に適当な語句を答えよ。

大気中の水蒸気の量は，大気圧中に占める水蒸気圧(hPa)で表すことができる。水蒸気が飽和しているときの水蒸気圧を(ア)という。ある温度の飽和水蒸気圧に対する実際の水蒸気圧の割合(%)を(イ)という。水蒸気が飽和していない空気の温度を下げていくと，ある温度で，水蒸気が飽和した状態となる。このときの温度を(ウ)という。

4 次の文の(　　)に適当な語句を答えよ。

太陽放射は，波長の短い方から，主にX線，(ア)，(イ)，(ウ)，電波などからなるが，太陽放射の約半分は(イ)によるものである。

5 次の文章中の(　　)に適当な語句を答えよ。

大気中の(ア)や水蒸気は，太陽放射の可視光線は通過させるが，地球放射の赤外線は吸収する。吸収されたエネルギーの一部は，地表に送り返され，地表の温度を上昇させるため，気温も上昇する。このような大気の働きを(イ)という。地表の温度が生物の生存に適しているのは，大気の(イ)が適度に働くためである。このような働きをする気体は，(ウ)と呼ばれ，(ア)や水蒸気のほか，(エ)，一酸化二窒素，フロンなどがある。

解答
1 (ア)窒素　(イ)酸素　(ウ)二酸化炭素　(問)　水蒸気　　**2** (ア)成層　(イ)中間　(ウ)熱　(エ)50　(オ)80
(カ)1013　(キ)B　(ク)A　(ケ)B　(コ)A　(問)圏界面　**3** (ア)飽和水蒸気圧　(イ)相対湿度
(ウ)露点(露点温度)　**4** (ア)紫外線　(イ)可視光線　(ウ)赤外線　**5** (ア)二酸化炭素
(イ)温室効果　(ウ)温室効果ガス　(エ)メタン

知識

80. 大気の層構造◆地球の大気は，高度によって気温・気圧が大きく変化することが知られているが，地表から高度80kmまでの範囲で，ほとんど変化しないものは何か。最も適当なものを，次の①〜④のうちから1つ選べ。

①　水蒸気の量　　②　窒素と酸素の体積比　　③　紫外線の強さ　　④　大気の密度

(19　高卒認定試験　改)

知識

81. 水蒸気とその変化◆水蒸気に関する次の各問いに答えよ。(2)，(3)は正しい方を選べ。

(1)　水蒸気が凝結する場合に必要な空気中の微粒子(エーロゾル)を何というか。

(2)　水蒸気が凝結または昇華して水滴や氷晶になるとき，[周囲に熱を放出する，周囲から熱を吸収する]。

(3)　同じ温度の空気塊の場合，露点が低いほど，相対湿度は[高い，低い]。

知識

82. 露点と湿度◆右表は，気温と飽和水蒸気量の関係を表している。この表をもとに，気温25℃，露点10℃の空気塊について，気温25℃における相対湿度(湿度)として最も適当なものを，次の①〜④のうちから1つ選べ。

①　25%　　　②　41%

③　55%　　　④　73%

(19　センター試験追試　改)

表　気温と飽和水蒸気量の関係

気温(℃)	飽和水蒸気量(g/m³)
5	6.8
10	9.4
15	12.8
20	17.3
25	23.1
30	30.4

知識

83. 大気のエネルギー収支◆地球大気のエネルギー収支に関する次の文の正誤を答えよ。また，誤りの場合は，正しい文になるように下線部を書き換えよ。

①　地球全体では，地球が大気の上端で受ける太陽放射エネルギーの約30%を赤外線として宇宙へ放射する。

②　大気は，地表から放射される赤外線の大部分を吸収する。

③　大気は，太陽からの紫外線のほとんどを通過させる。

④　大気の温室効果によって，地表の温度は約30℃上昇している。

(12　センター試験追試　改)

知識

84. 温室効果◆温室効果に関連した文として最も適当なものを，次の①〜④のうちから1つ選べ。

①　温室効果は人間活動のみによってもたらされた。

②　温室効果は昼と夜の温度差を大きくしている。

③　大気は，地表と宇宙空間の両方に赤外線を放射している。

④　大気は，赤外放射よりも太陽放射を吸収しやすい。

(18　高卒認定試験)

例題14　大気の構造 知識　　　　　　　　　　　➡問題 85, 92, 93

　大気は，対流圏，成層圏，中間圏，熱圏に分けられる。対流圏では（　ア　）が多く，その潜熱の放出を伴った大気の運動が起こる。成層圏ではオゾンが比較的多いが，これは，大気中の（　イ　）分子に太陽からの（　ウ　）が作用することで発生する。オゾンは（　ウ　）の強い低緯度地域で多く生じ，大気の循環によって高緯度地域に運ばれている。

(1)　文章中の空欄（　ア　）～（　ウ　）に入れる語句を答えよ。

(2)　文章中の下線部に関して述べた文として**適当でないもの**を，次から1つ選べ。

　①　対流圏では，雲の発生や降雨など天気の変化がみられる。

　②　成層圏では，オーロラと呼ばれる発光現象が起こる。

　③　中間圏では，高さとともに温度が低下している。

　④　熱圏では，太陽からの紫外線による分子の電離が起こっている。

(10　センター試験本試　改)

■ 考え方　(1)　潜熱は，物質が気体・液体・固体と状態が変化するときに，放出あるいは吸収
　　　　　　する熱である。水蒸気は大気中で凝結して潜熱を放出する。成層圏では，酸素
　　　　　　O_2 に太陽からの紫外線が作用してオゾン O_3 ができる。オゾン層では，この作用
　　　　　　で熱が発生するため，成層圏では上部に向かって温度が上昇する。
　　　　　(2)　オーロラは熱圏の地上 100～300 km を中心とした電離層の領域に発生する。

■ 解　答　(1)　ア　水蒸気　　イ　酸素　　ウ　紫外線　　(2)　②

例題15　飽和水蒸気圧 知識　　　　　　　　　　　➡問題 87

　次の文章中の空欄に適当な数値・語句を入れよ。

　ある温度の空気が含むことのできる水蒸気の量には限りがある。その限界の量を飽和水蒸気量といい，下の表のように飽和水蒸気圧で表すこともできる。

温度(℃)	−10	0	1	2	3	4	5
水面上の飽和水蒸気圧(hPa)	2.9	6.1	6.6	7.1	7.6	8.1	8.7

　この表の数値を使うことによって，次のことがわかる。温度が5℃で水蒸気圧が6.6 hPa の水蒸気を含む空気塊の湿度(相対湿度)は（　1　）%であるが，この空気塊をゆっくり冷却していくと，しだいに湿度が高くなり，ついには100%となる。そのときの温度を（　2　）といい，この空気塊の場合（　3　）℃である。さらにこの空気塊を冷却すると，通常は余分の水蒸気が凝結して小さい水滴となる。

■ 考え方　(1)　相対湿度(%)＝ $\dfrac{実際の水蒸気圧}{ある温度における飽和水蒸気圧}$ ×100 で表される。表から，
　　　　　　温度5℃での飽和水蒸気圧は 8.7hPa とわかるので，この式にあてはめると次の
　　　　　　ようになる。相対湿度(%)＝6.6(hPa)/8.7(hPa)×100≒76(%)
　　　　　(3)　水蒸気圧が飽和水蒸気圧と一致するところが露点になるので，この空気塊の
　　　　　　露点は，飽和水蒸気圧が 6.6hPa になる 1℃とわかる。

■ 解　答　(1)　76　　(2)　露点(露点温度)　　(3)　1

例題16　地球のエネルギー収支 [知識]

➡問題89, 91

　図は，地球が受ける太陽放射を
100として，現在の地球のエネル
ギー収支を表したものである。エ
ネルギーの出入りの形式によって
ア，イ，ウ の3つに区分される。

(1) ア，イ の放射をそれぞれ何
というか。

(2) 図のA，B，Cにあてはまる
数値をそれぞれ答えよ。

(3) 図のD，Eにあてはまる現象をそれぞれ答えよ。

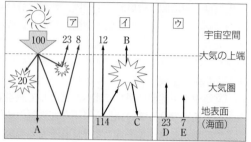

(03　東海大　改)

■ 考え方　(2)　大気のエネルギー収支はつり合っているので，宇宙空間から大気圏・地表に入
　　　　　ってきたエネルギーは，さまざまな形で放出されるが，収支は ±0 となる。

　　　　(3)　Dは水の蒸発によるもので，このように水の状態変化に伴い放出・吸収する熱
　　　　　を潜熱という。Eは，一般に物体の温度を上げるのに使われる熱で，顕熱という。
　　　　　対流や伝導がこれにあたる（地表からの熱では潜熱の方が顕熱よりも大きい）。

■ 解答　(1)　ア　太陽放射　　イ　地球放射（赤外放射）
　　　　(2)　A　49　　B　57　　C　95
　　　　(3)　D　水の蒸発（潜熱）　　E　対流・伝導（顕熱）

例題17　温室効果 [知識]

➡問題90

　地球では大気中の二酸化炭素や（　ア　）などは，太陽放射の可視光線を通過させ，太
陽や地表からの（　イ　）を吸収する。このため，地表から放出される（　イ　）の一部は，
いったん大気に吸収され，やがて地表と宇宙空間に放射される。この働きは，地表の熱
の一部が宇宙空間へ逃げるのを防いでおり，地表の温度を平均約（　ウ　）℃に保ってい
る。このような効果を温室効果という。地球大気に温室効果ガスが存在しない場合，地
球表面の平均気温は，約（　エ　）℃と計算されている。

(1)　空欄ア，イにあてはまる最も適当な語句を答えよ。

(2)　空欄ウ，エにあてはまる最も適当な数値を，次の①～⑤からそれぞれ1つ選べ。

　　① 49　　　② 15　　　③ －3　　　④ －18　　　⑤ －75

■ 考え方　(1)　代表的な温室効果ガスは，水蒸気，二酸化炭素，メタンなどである。水蒸気は，
　　　　　時間的，地域的な偏りはあるが，気候が大きく変動しない限り地球全体としては，
　　　　　ほぼ一定である。それに対して，二酸化炭素などは，人間活動によって変動する
　　　　　ため，地球温暖化の原因として二酸化炭素の増加が考えられている。地表に達
　　　　　する太陽放射の中心は可視光線である。地球放射は，ほとんどが赤外線である。

　　　　(2)　地球の平均気温は，15℃である。もし温室効果がなければ，もっと低くなり，
　　　　　約 －18℃になると計算されている。

■ 解答　(1)　ア　水蒸気　　イ　赤外線　　(2)　ウ　②　　エ　④

基|本|問|題

知識
85. 大気の構造 ●大気の構造に関する次の文章を読み，以下の問いに答えよ。

山に登ると，高くなるにつれて気温が徐々に低くなることをよく体験する。しかし，気温は高度とともにどこまでも低くなっているわけではない。上空の気温は季節や場所によって変わるが，平均的には次の図のような複雑な鉛直分布になっている。(a)大気圏は気温の鉛直分布の特徴にもとづいて区分され，名称が与えられている。しかし気圧は，気温と違って高度とともに単調に低くなっている。観測の結果，(b)高度が16km増すごとに気圧は約 $\frac{1}{10}$ になることが知られている。

一方，水蒸気を除いた地上付近の大気組成は，どこでもほぼ一定であることが昔から分かっていた。さらに近年，ロケットなどによる観測の結果，水蒸気やオゾン以外の大気組成は，地上から約（ ア ）kmの高さまでほぼ一定であることがわかった。このことは，大気がこの高さまで上下方向によく混合されていることを意味している。

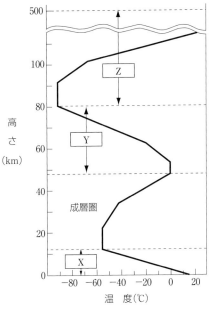

(1) 文章中の下線部(a)に関連して，図中の空欄X～Zに入れる語句の組合せとして最も適当なものを，次の①～⑥のうちから1つ選べ。

	X	Y	Z
①	熱圏	対流圏	中間圏
②	対流圏	中間圏	熱圏
③	中間圏	対流圏	熱圏
④	熱圏	中間圏	対流圏
⑤	対流圏	熱圏	中間圏
⑥	中間圏	熱圏	対流圏

(2) 図のXの層（圏）と成層圏の境界面を何というか。

(3) 文章中の下線部(b)に関連して，48kmの高さでの気圧は地上気圧のおよそ何倍になるか。最も適当なものを，次の①～④のうちから1つ選べ。

① $\frac{1}{30}$　　② $\frac{1}{100}$　　③ $\frac{1}{300}$　　④ $\frac{1}{1000}$

(4) 文章中の空欄（ ア ）に入れる数値として最も適当なものを，次の①～④のうちから1つ選べ。

① 12　　② 48　　③ 80　　④ 500

(02 センター試験追試 改)

思考

86. 大気圧 ●水銀気圧計は, 水銀柱の質量が, 同じ底面積の空気柱の質量と等しいという関係を用いて気圧を測定する機器である。地上気圧が 1000 hPa のとき, 水銀気圧計の水銀柱の高さは 0.75 m であった。この水銀気圧計を持って山に登ったところ, 山頂で水銀柱の高さは 0.60 m になった。このときの気圧を求めよ。ただし, 水銀の密度は変わらないものとする。

（10　弘前大）

知識

87. 雲の発生と降水 ●次の文章を読み, 以下の各問いに答えよ。

　空気塊が上昇すると, 上空ほど気圧が低いため膨張する。このとき, 空気塊は, 周囲と熱のやり取りがない状態で膨張するため, 温度が下がる。空気塊の温度が露点に達すると, 空気中の微粒子を核として（　ア　）が始まり, 水滴を生じる。また, （　イ　）が起こると氷の結晶ができる。これらの水滴や氷晶が雲粒となり上昇気流に支えられるなどして, 雲が発生する。こうして雲ができ始める高さを（　ウ　）という。

　さらに, <u>雲粒が成長して重くなると, 地表に向かって落下し, 雨や雪などの降水となる。</u>

(1)　文章中の空欄（　ア　）～（　ウ　）にあてはまる語句を答えよ。

(2)　下線部について, 雲は, 直径 0.01 mm 程度の水滴や氷晶が集まってできたものであるが, 平均的な雨粒 1 個の直径は約 1 mm である。雨粒を 1 個つくるためには, 雲粒は何個必要か。最も適当なものを, 次の①～⑤のうちから 1 つ選べ。ただし, 雲粒も雨粒もその形は球形であるとし, 体積は半径の 3 乗に比例する。

①　100個　　　②　1000個　　　③　1万個　　　④　10万個　　　⑤　100万個

（17　高卒認定試験　改）

思考

88. 太陽定数 ●太陽定数の値を 1.4 kW/m^2 として, 以下の各問いに答えよ。

(1)　地球全体が 1 秒間に受ける太陽放射エネルギーの総量は何 kW か。ただし, 地球の半径を R(m), 円周率を π とする。また, 大気による吸収は考えない。

(2)　(1)で求めた太陽放射エネルギーの総量を, 地球表面全体に平均したとすると, 太陽定数の何倍になるか。

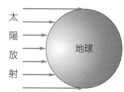

知識

89. 地球のエネルギー収支 ●右図は, 地球のエネルギー収支を矢印で表したものである。図中の A ～ D のエネルギーの量的関係について述べた文 a・b の正誤を答えよ。

a　地球全体の雲量が増加すると, A に対する B の割合が減少する。

b　大気中の温室効果ガスの濃度が増加すると, C に対する D の割合が減少する。

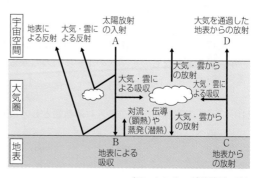

（20　センター試験追試　改）

知識

90. 放射冷却 ●次の各問いに答えよ。

(1) 太陽放射や大気の放射がほとんどなく，地表からの放射が大きくなり，地表の温度が低下する現象を放射冷却という。放射冷却が起こりやすい条件として最も適当なものを，次の①～⑥のうちから1つ選べ。

　① 晴れている昼間　　② 曇っている昼間　　③ 雨の降っている昼間

　④ 晴れている夜間　　⑤ 曇っている夜間　　⑥ 雨の降っている夜間

(2) 対流圏では，一般に高度が上がるにつれて気温が低下するが，(1)の状態になると，高度が上がるほど気温が上昇する大気の層が現れる。この層を何というか。

知識

91. 地球のエネルギー収支 ●大気に関する次の文章を読み，下の各問いに答えよ。

　地球が受ける太陽放射エネルギーを波長別でみると，その最大は（　ア　）の波長帯にある。一方，地球放射エネルギーの最大は（　イ　）の波長帯にある。地球放射の（　イ　）の多くは，地球の外に直接でることができないが，特定の波長領域だけは吸収が少なく透過できる。

　また，大気中の一部の気体は，太陽からの（　ア　）は通過させ，地表からの（　イ　）を吸収する。この大気の温室効果によって，地表近くの年平均気温は約15℃に保たれている。

(1) 空欄（　ア　）・（　イ　）にあてはまる語の組合せとして最も適当なものを，次の①～④のうちから1つ選べ。

　① ア　紫外線　　　　イ　赤外線　　　② ア　紫外線　　　　イ　可視光線

　③ ア　可視光線　　　イ　紫外線　　　④ ア　可視光線　　　イ　赤外線

(2) 下線部に関連する成分の組合せとして最も適当なものを，次の①～④のうちから1つ選べ。

　① 窒素・ネオン　　　　② 二酸化炭素・水蒸気　　　③ ヘリウム・水素

　④ 酸素・アルゴン

(3) 地球全体のエネルギー収支に関連して，放射と温室効果について述べた文として最も適当なものを，次の①～④のうちから1つ選べ。

　① 地球表面に到達した太陽放射エネルギーの大半は，地球表面で反射される。

　② 地球が吸収する太陽放射エネルギーは，地球が宇宙空間に放射するエネルギーよりも多い。

　③ 地球表面から放射されるエネルギーは，水蒸気や二酸化炭素には吸収されるがメタンには吸収されない。

　④ 温室効果がなければ，地球表面の平均気温は氷点下まで下がる。

（12　センター試験追試，16　センター試験本試　改）

■発■展■問■題■

思考 **論述**

92. 大気の構造 地球大気に関する次の文章を読み，以下の各問いに答えよ。

　地球大気の温度構造は，地表から高度約 11 km までの対流圏では，平均的に 100 m につき約（　ア　）℃ずつ低下していく。対流圏の上には，高度約 50 km にかけて（　a　）があり，①ここでは対流圏とは逆に上層にいくにしたがって，温度が高くなっている。地球大気の成分は，大部分が窒素と酸素からなり，②これは太陽系の他の惑星大気とは異なっている。このほかには，（　b　）や（　c　）などの温室効果ガスが存在している。近年の人間による化石燃料などの使用に伴う（　b　）濃度の急激な増加は，地球大気の平均気温を上昇させ地球温暖化をもたらしている可能性が高い。（　c　）は地球の大気成分の中ではきわだって，場所や高さによって濃度が異なっており，日々の天気変化をもたらしている。

(1)　文章中の空欄（　ア　）にあてはまる数値を答えよ。

(2)　文章中の空欄（　a　）～（　c　）にあてはまる語句を答えよ。

(3)　下線部①について，上層になるにつれて温度が高くなる理由を次の 2 つの語を用いて，15字程度で簡潔に説明せよ。　　{　紫外線　　　オゾン　}

(4)　下線部②について，金星と火星における大気の主要成分を多い順に **2** つ答えよ。

（09　首都大学東京　改）

知識

93. 高度と温度・気圧 次の 2 つの図について，以下の各問いに答えよ。

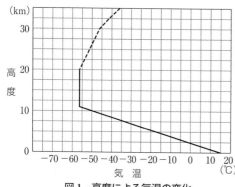

図1　高度による気温の変化　　図2　高度による気圧の変化

問1　図1から，地表（高度 0 km）の気温が25℃のとき，高度 2500 m での気温は約何℃になるか。最も適当なものを次の①～④のうちから 1 つ選べ。ただし，気温減率は，地表の気温が15℃の場合を示した図1と同じとする。

　　①　−50℃　　　　②　−15℃　　　　③　0℃　　　　④　10℃

問2　図2から，高度 2500 m までの地表に近いところでは，気圧は 100 m 上がるごとに何 hPa 下がるように変化しているか。最も適当なものを次の①～⑤のうちから 1 つ選べ。

　　①　50hPa　　　②　10hPa　　　③　5hPa　　　④　1hPa　　　⑤　0.5hPa

（19　高卒認定試験　改）

94. 高度と気圧

[知識]

94. 高度と気圧 次の文章を読み，以下の各問いに答えよ。

　ある地点における気圧はその上にある空気の重さであり，単位（　ア　）あたりにかかる力で表す。高度が5.5km高くなるごとに気圧は約半分となる。

問1　文章中の（　ア　）に入る語句として最も適当なものを，次の①～③のうちから1つ選べ。

　　① 体積　　　② 面積　　　③ 質量

問2　文章中の下線部に関連して，地表から高度約50kmまでには，大気全体の質量のうち約何％が含まれているか。最も適当なものを，次の①～⑤のうちから1つ選べ。

　　① 50.0%　　② 75.0%　　③ 87.5%　　④ 93.8%　　⑤ 99.8%

(17　センター試験本試　改)

[知識]

95. 地球のエネルギー収支 地球のエネルギー収支に関する次の文章を読み，以下の各問いに答えよ。

　右図は，地球に入射する太陽放射と，地球から宇宙へ放出される地球放射を模式的に示したものである。

　太陽放射の強度のピークは，（　ア　）の領域にある。また，太陽放射に垂直な面が受ける地球の大気上端での太陽放射量は1.37kW/m²で，その31％は宇宙へ反射される。ただし，高緯度側では，赤道付近に比べて太陽高度が低いので，地表1m²あたりに入射する太陽放射量は少

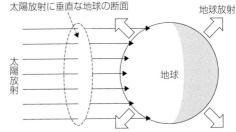

図1　太陽放射と地球放射の模式図

太陽放射に垂直な地球の断面の半径は，地球半径と同じとみなす。

ない。一方，地球の熱エネルギーは地球放射として地表面や大気から宇宙へと放出される。

問1　文章中の（　ア　）に入れる語句として最も適当なものを，次の①～④のうちから1つ選べ。

　　① 赤外線　　　② 紫外線　　　③ 可視光線　　　④ 電波

問2　文章中の下線部に関連して，宇宙へ放出される地球放射量を地球の全表面で平均したときの，単位面積あたりの値を求める式として最も適当なものを，次の①～⑥のうちから1つ選べ。ただし，地球に吸収される太陽放射と，宇宙へ放出される地球放射はつり合っているとする。

　　① 0.31×1.37　　② $0.31 \times 1.37 \times \frac{1}{2}$　　③ $0.31 \times 1.37 \times \frac{1}{4}$

　　④ 0.69×1.37　　⑤ $0.69 \times 1.37 \times \frac{1}{2}$　　⑥ $0.69 \times 1.37 \times \frac{1}{4}$

(18　センター試験追試)

[思考][論述]

96. 太陽放射と地球放射 太陽放射と地球放射は，ともに電磁波によって伝わるエネルギーであるが，両者の波長分布の違いを，以下の語句を使って60字程度で述べよ。

　　[　表面温度，赤外線，可視光線，最強波長　]

(11　名古屋大　改)

思考

97. 太陽放射と地球放射 地球の表面温度は，太陽放射と地球放射のバランスによって決まる。そこで，太陽放射によって地面がどのように暖められるかモデル実験をしてみた。黒く塗った銅板に白熱電球の光を照射し，銅板の温度変化を調べ，図に示す実験結果を得た。以下の各問いに答えよ。

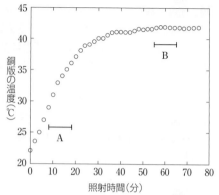

(1) 図のグラフでは，銅板の温度は時間の経過とともに室温（22℃）から急激に上昇し，やがて一定の温度（42℃）に近づいていく。このような銅板の温度変化は，一定の時間内に銅板が受け取るエネルギーと失うエネルギーの大小関係に依存する。図のAおよびBの時間帯では，銅板が受け取るエネルギーと失うエネルギーの関係は，次の記述X～Zのうち，それぞれどれにあたるか。最も適当な組合せを，以下の①～⑨のうちから1つ選べ。

X　受け取るエネルギーの方が，失うエネルギーよりも，ずっと大きい。

Y　受け取るエネルギーの方が，失うエネルギーよりも，ずっと小さい。

Z　受け取るエネルギーと失うエネルギーは，ほぼ等しい。

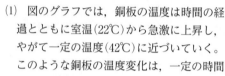

	A	B		A	B		A	B		A	B		A	B
①	X	X	②	X	Y	③	X	Z	④	Y	X	⑤	Y	Y
⑥	Y	Z	⑦	Z	X	⑧	Z	Y	⑨	Z	Z			

(2) 水は地面から蒸発する時に熱を吸収し，地面の温度上昇を抑える効果がある。これを確かめるために，霧吹きで銅板の表面を湿らせ，もう一度実験をした。湿らせた銅板の温度が安定して室温と同じくらいになってから白熱電球の光を照射した。水滴が完全に蒸発してしまってからも光を当て続けた。照射開始後の銅板の温度は，上図の場合と比べてどのように変化するか。最も適当なものを，右の①～⑥の図から1つ選べ。図中の実線は銅板を湿らせた場合の温度変化であり，破線は上図の温度変化である。

①
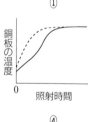

②

③
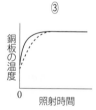

④
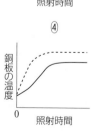

⑤
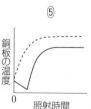

⑥
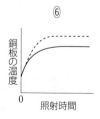

（09　センター試験本試　改）

チャレンジ問題 **5** 「地学」に挑戦

▶▶ 大気の安定・不安定

❶ **凝結高度** 空気塊の地表での気温を $T(℃)$，その露点を $t(℃)$ とすると，凝結高度 $H(\mathrm{m})$ は右の式で表される。

$$H = 125(T - t)$$

❷ **乾燥断熱減率** 水蒸気が飽和していない空気塊は $100\,\mathrm{m}$ 上昇するごとに約 $1℃$ 下がる。

❸ **湿潤断熱減率** 飽和に達すると，水蒸気から水滴を生じる変化に伴い潜熱(凝結熱)が放出され，空気塊の温度は $100\,\mathrm{m}$ 上昇するごとに約 $0.5℃$ しか下がらなくなる。

(a) **大気の状態が安定** 大気の気温減率が，湿潤断熱減率 $(0.5℃/100\,\mathrm{m})$ よりも小さいとき，上昇する空気塊の温度はその高さの気温よりも低くなる。そのため，空気の上昇運動は起こらず，雲は発達しない。

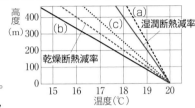

(b) **大気の状態が不安定** 大気の気温減率が，乾燥断熱減率 $(1.0℃/100\,\mathrm{m})$ よりも大きいとき，空気塊の温度は，その高さの気温よりも高くなる。そのため，自然に空気の上昇運動が起こり，雲は発達する。

(c) **大気の状態が条件付き不安定** 大気の気温減率が，湿潤断熱減率 $(0.5℃/100\,\mathrm{m})$ よりも大きく，乾燥断熱減率 $(1.0℃/100\,\mathrm{m})$ よりも小さいとき，空気塊が飽和に達していると，自然に空気の上昇運動が起こり，雲は発達する。

知識

大気の安定・不安定 ◆文章中の空欄を埋め，問いに答えよ。

図の直線Xは，ある日の気温の高度分布を示したものである。地表での気温は20℃，湿度は58.4%であった。このとき，露点は(1)℃になる。気温減率は(2)℃/100mであるので，この大気の状態は(3)であり，地表付近の空気が自然に上昇することはない。地表付近の空気が何らかの外力で上昇した場合，雲のできる高度は(4)高度と呼ばれ，ここでは(5)mである。また，高度(6)m以上になると，外力がなくとも自然に上昇するようになる。

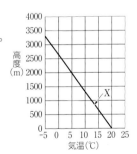

問 高度が増加するにつれて気温が低くなっている大気の状態について述べた文として，最も適当なものを次の①〜④のうちから1つ選べ。

① 気温減率や含まれる水蒸気量によらず常に安定である。

② 気温減率や含まれる水蒸気量によらず常に不安定である。

③ ある気温減率に対して，水蒸気で飽和していない場合には安定であっても，飽和していれば不安定になることがある。

④ ある気温減率に対して，水蒸気で飽和している場合には安定であっても，飽和していなければ不安定になることがある。

温度 (℃)	飽和水蒸気圧(hPa)
0	6
4	8
8	11
12	14
16	18
20	24
24	30

6 | 大気と海水の運動

1 緯度によるエネルギー収支

❶地球が受け取る太陽放射エネルギー

地表面にあたる太陽光線の角度が緯度によって異なるため，地表面が受け取る単位面積あたりのエネルギー量は，緯度によって異なる。

赤道地域を1とする　緯度45°では約0.7　緯度60°では0.5

受け取る太陽放射エネルギーは，赤道付近で最多，極地方で最少。

受け取る太陽放射エネルギーと，放出した地球放射エネルギーは，右図のように緯度30°〜40°付近を境にして過不足が生じる。緯度30°〜40°付近より赤道側では，受け取る太陽放射エネルギーの方が多く，エネルギー収支は＋となる。一方，それより極側では，放出した地球放射エネルギーの方が多く，収支は−となる。こうして生じる緯度によるエネルギーの差(温度差)は，大気や海水が赤道付近の熱を極側に運ぶことで解消されている。

❷南北の熱の輸送

地球全体を取り巻く大気と海洋は，地球規模で循環し，その循環によって熱を低緯度から高緯度へ運び，両者の温度差を小さく保っている。

また，水は，水(液体)，水蒸気(気体)，氷(固体)と，状態を変化させながら，地球上を循環している。

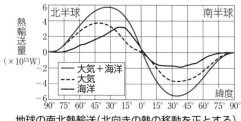

地球の南北熱輸送(北向きの熱の移動を正とする)

2 大気の大循環

❶風が起こるしくみ
風を起こす原動力は，同一水平面における2地点間の気圧差である。気圧差は，受け取る太陽エネルギーの差(気温の差)などで生じる。

❷季節風
季節によって特有な向きに吹く風を季節風(モンスーン)という。

● **夏の大陸**　海洋に比べ，暖まりやすく高温になり，空気が上昇し，気圧が低くなる(海洋は，相対的に気圧が高くなる)。

● **冬の海洋**　大陸に比べ，冷めにくく高温になり，空気が上昇し，気圧が低くなる(大陸は，相対的に気圧が高くなる)。

したがって，日本付近(東アジアや東南アジア)では，夏に気圧の高い海洋から大陸への南寄りの季節風，冬には気圧の高い大陸から海洋への北寄りの季節風が吹く。

❸地球規模の大気の大循環　緯度によって気圧の高い地域と低い地域が帯状に連なる。

(a)**熱帯収束帯(赤道低圧帯)**　赤道付近では，1年を通して大気が暖められて上昇し，地上に低圧部ができて雲が発生している。

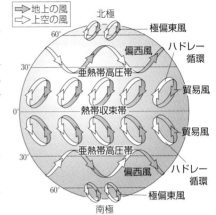

(b)**ハドレー循環**　赤道付近で暖められ，圏界面近くまで上昇した空気は，中緯度に向かって流れる。この空気は緯度30°付近で下降し，東寄りの風となって赤道へ向かう。この循環をハドレー循環という。

(c)**亜熱帯高圧帯**　緯度30°付近で下降気流によってできた高圧帯で，晴天域が広がる。

(d)**貿易風**　亜熱帯高圧帯から，熱帯収束帯に向かって吹く**東寄りの風**を貿易風という。

(e)**偏西風**　緯度30°〜60°の地域で，年間を通して吹く**西寄りの風**を偏西風という。この地域では上空でも偏西風が吹いており，**圏界面付近で特に強く吹く風をジェット気流**という。偏西風は蛇行し，低緯度の熱を高緯度に運んでいる。

(f)**極偏東風**　緯度60°以上の高緯度地域(極付近)の地上で，低緯度方向に吹く，**東寄りの風を極偏東風**という。

3 海洋の構造

❶海水の塩分　海水に溶け込んでいる物質の多くは塩類である。海水の塩分は，**海水1 kg中のすべての塩類の質量(g)**で表される。海水の塩分はおよそ**35 g**である。

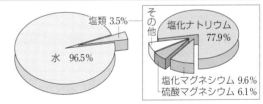

❷海面の温度　海面水温は，地域(緯度)や季節によって大きく異なる。

❸海水の層構造　海洋を構成する海水は，その水温によって，海面付近の表層混合層と，下部の深層，その間の水温躍層に分けられる。

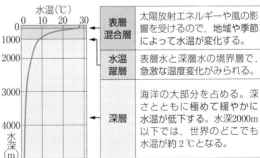

4 海洋の大循環

❶表層の循環 水平方向の循環（海流）の向きと強さは，**風と自転の影響（転向力）によって決**まり，その主な風系は，貿易風と偏西風である。

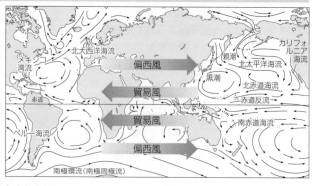

⒜太平洋・大西洋・インド洋の緯度30°付近を中心に，北半球では時計回りの，南半球では反時計回りの大きな循環がみられる。これを環流という。

⒝貿易風と偏西風の間の海面は周囲より高く保たれ，海水は，海面の高い方から低い方へと流れようとする。しかし，自転の影響（転向力）によって，流れの向きが右にそれ，海面の高い部分を中心にして，等高線と平行に流れる。

⒞中緯度付近を中心にみられる環状の流れは，**海洋西岸に位置する海域で強くなる。**日本列島付近を流れる黒潮がその例である。

日本近海の代表的な海流

黒潮 （日本海流）	暖流	日本の東で北太平洋海流，カリフォルニア海流，北赤道海流へとつながり，北太平洋を一周する大きな環状の流れ（環流）の一部。
親潮 （千島海流）	寒流	千島列島から北海道・東北地方沿いに太平洋側を南下し三陸沖で黒潮と出会う。

※他に，黒潮から分流し，日本海に流れ込む対馬海流（暖流），北から日本海に流れ込むリマン海流（寒流）がある。

❷深層に及ぶ循環 大西洋の南北方向では，極付近の海水が凍って塩分が増加し，**密度が大きくなり，**海底に沈み込み，表層と深層で循環を形成してい

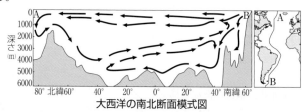

大西洋の南北断面模式図

る。実際に，北大西洋で沈み込んだ海水が北太平洋で上昇するまでには，**2000年程度を**要することがわかっている。

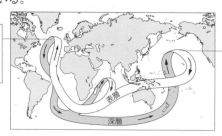

グリーンランド付近では，**海水が凍って塩分が高くなり，**密度が大きくなった海水が沈み込む。

北太平洋では，上層の暖かい水と混ざりながら浮上する。

5 エルニーニョ現象とラニーニャ現象

大気と海水は相互に影響を与えながら，地球規模の気候変動などを引き起こす。

❶赤道太平洋付近の海水と大気の通常の循環
低緯度地方では，貿易風(東風)によって，暖かい表面海水が西側へ流される。西(インドネシア)側では，暖水が集まるため海面温度が高くなり，東(ペルー)側では，深層から栄養塩の豊富な冷水が湧き上がり，海面温度は下がる。大気は，温度差から，西側が低圧部・東側が高圧部になり，貿易風が強まる。

❷エルニーニョ現象(男の子を意味するニーニョに定冠詞がつくため「神の子」の意味)

ペルー沖の海面温度が平年より高くなる現象が数年に1度，1年程度継続する場合を，エルニーニョ現象という。

貿易風が弱まると，暖かい表面海水が広い範囲に滞留し，中部〜東よりでも海水温が高く，上昇気流が生じ，雨が降る。冷水の湧き上がりも減少し，海面温度はあまり下がらず，東西の温度差が小さいため，貿易風がさらに弱まり，一部では西風が吹くこともある。

❸ラニーニャ現象(エルニーニョ「男の子」の反対なので，「女の子」の意味)

ペルー沖の海面温度が平年より低くなる，エルニーニョ現象と逆の現象をいい，数年〜10年に一度生じ，半年〜2年程度継続する。

❹日本付近の気候との関係 エルニーニョ現象やラニーニャ現象は，以下のような日本付近の気候の変化と，かなり高い相関をもつことが認められている。ただし，他の要因のため気候の変化が異なることもある。

●エルニーニョ現象発生時
日本では太平洋高気圧の勢力が弱まり，長梅雨・冷夏，暖冬になることが多い。

●ラニーニャ現象発生時
日本では夏は猛暑・冬は厳冬になることが多い。

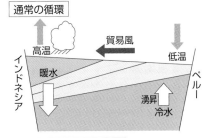

通常の循環

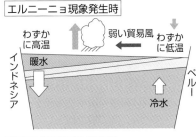

エルニーニョ現象発生時

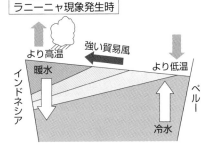

ラニーニャ現象発生時

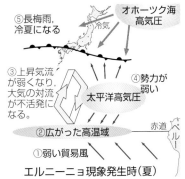

エルニーニョ現象発生時(夏)

1 太陽放射の入射量，地球放射の放射量は緯度によって異なっている。それぞれの緯度分布を示す模式図として最も適当なものはどれか。

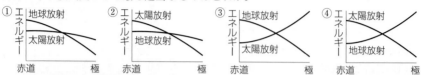

2 北半球での大気の大循環を模式的に表した次の図について，各問いに答えよ。

(1) 地球全体の気圧の分布で，緯度によって気圧の高い地域と低い地域が帯状に連なっている。図の(A), (B)の地帯を何というか。

(2) 図の(a)の循環を何と呼ぶか。

(3) (ア), (イ), (ウ)の地上の風を何というか。

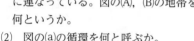

3 右の図は海水の層構造をモデル化して表したものである。

(1) 図の(A), (B)の層を何というか。

(2) (A)と(B)の境界付近（図の斜線部）では，急激な温度低下がみられる。この部分を何というか。

(3) 深さ2000mよりも深いところの水温は，どの海域でもほぼ同じである。およそ何℃くらいか。

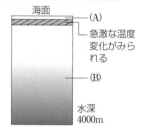

4 海流について，以下の各問いに答えよ。

(1) 日本近海の代表的な海流のうち，暖流は次の①～④のうちどれか。**すべて選べ。**

　①　黒潮　　　②　親潮　　　③　対馬海流　　　④　リマン海流

(2) 太平洋・大西洋・インド洋における海流の大循環は，南半球では時計回りか，反時計回りか。

5 次の文章を読み，空欄にあてはまる適切な語句を答えよ。

　赤道太平洋の海上には平均的に（　ア　）が吹いている。そのため，表層の海水は赤道太平洋の（　イ　）側に吹き寄せられ，赤道太平洋の（　ウ　）側では深海からの冷たい湧昇流が発生している。何らかの原因で数年に一度，赤道太平洋の（　エ　）側の気圧が下がり，（　オ　）側の気圧が上がると，（　ア　）が弱まり，赤道太平洋の海面水温が広い範囲にわたって数℃（　カ　）する。これがエルニーニョ現象である。エルニーニョ現象と対照的な現象は，（　キ　）現象と呼ばれている。

解答
....

1 ②　　**2** (1)(A)熱帯収束帯（赤道低圧帯）　(B)亜熱帯高圧帯（中緯度高圧帯）　(2)ハドレー循環
(3)(ア)貿易風（北東貿易風）　(イ)偏西風　(ウ)極偏東風　　**3** (1)(A)表層混合層（混合層）　(B)深層
(2)水温躍層（主水温躍層）　(3)2℃　　**4** (1) ①，③　(2)反時計回り
5 (ア)貿易風（東風）　(イ)西　(ウ)東　(エ)東　(オ)西　(カ)上昇　(キ)ラニーニャ

|確|認|問|題|

[知識]
98. 地球の緯度別エネルギー収支◆単位面積あたりの地球が吸収する太陽放射エネルギーの量と，地球から放射される地球放射エネルギーの量は，緯度によって異なる。このような太陽放射エネルギーの量から地球放射エネルギーの量を引いたものを，正味の入射エネルギー量とする。正味の入射エネルギー量の緯度による変化を示す模式図として最も適当なものを，次の①～④のうちから1つ選べ。

① 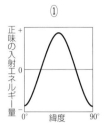　② 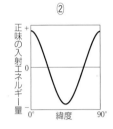　③ 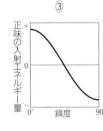　④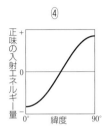

(08 センター試験本試 改)

[知識]
99. 大気の大循環◆対流圏の大気循環では，平均的に見て緯度20°～30°付近で下降気流になる。この地域の特徴として最も適当なものを，次の①～④のうちから1つ選べ。
① 四季のはっきりした気候である。
② 高温多湿な熱帯多雨林が広がっている。
③ 年間を通して雨の少ない寒冷地が広がっている。
④ 乾燥地帯が多く，砂漠もみられる。

(18 高卒認定試験)

[知識]
100. 海洋の層構造◆海洋の上下方向の構造について述べた文として最も適当なものを，次の①～④のうちから1つ選べ。
① 深層の水温は，低緯度でも高緯度でもほぼ一定である。
② 深層は風の影響を受け，海水が常に混ざり合っている層である。
③ 水温躍層(主水温躍層)は，深くなるほど水温が上昇する層である。
④ 水温躍層(主水温躍層)は，一般に水深2000mよりも深い場所を指す。

(16 高卒認定試験)

[知識]
101. 海洋の深層循環◆南極周辺海域や北大西洋北部では，表層で密度の大きい海水が形成されて深層へ沈み込む。表層で密度の大きい海水が形成される理由について述べた次の文a・bの正誤を答えよ。
a 海水の温度が低下するため。
b 海氷の生成に伴って海水の塩分が増加するため。

(20 センター試験本試 改)

例題18　熱の輸送 [知識]　　　　➡問題102, 110

右図は，大気と海洋による南北方向の熱輸送量の緯度分布を，北向きを正として示したものである。海洋による熱輸送量は，実線と破線の差で示される。大気と海洋による熱輸送量に関して述べた文として最も適当なものを，次の①〜④のうちから1つ選べ。

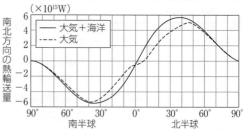

図　大気と海洋による熱輸送量の和(実線)と大気による熱輸送量(破線)の緯度分布

① 大気と海洋による熱輸送量の和は，北半球では南向き，南半球では北向きである。
② 北緯10°では，海洋による熱輸送量の方が大気による熱輸送量よりも大きい。
③ 海洋による熱輸送量は，北緯45°付近で最大となる。
④ 大気による熱輸送量は，北緯70°よりも北緯30°の方が小さい。

(21　共通テスト　改)

■考え方
① 北向きを正としていることに注意。
② 海洋の熱輸送量は実線(大気＋海洋)−破線(大気)になるので適当である。
③ 海洋による熱輸送量が最大になるのは北緯20°付近。
④ 大気による熱輸送量は北緯70°よりも北緯30°の方が大きい。

■解答
②

例題19　大気の大循環 [知識]　　　　➡問題105, 107, 111, 112

大気の大循環に関する次の文章を読み，以下の各問いに答えよ。

北半球の低緯度地域の場合は，(ア)帯で暖められた空気が上昇気流を形成し，_a北緯30度付近の亜熱帯高圧帯でゆっくり下降し，_b卓越風として多量の水蒸気を(　　)帯に運んでいる。

問1　空欄アにあてはまる最も適切な語句を答えよ。
問2　下線部aの地帯で主に大陸内部に広がる，特徴的な地域の名称を答えよ。
問3　下線部bの卓越風を何と呼ぶか答えよ。

(18　横浜国立大　改)

■考え方
問1　低緯度の赤道付近は，大気が暖められることで上昇気流が形成されて低圧部になり，大気の収束が起こる地域である。熱帯収束帯や赤道低圧帯と呼ばれる。
問2　下降気流で降水量が少ないため，大陸内部を中心に広く砂漠が分布する(砂砂漠だけでなく，岩石砂漠なども含めた砂漠。例：アフリカのサハラ砂漠)。
問3　亜熱帯高圧帯から南の熱帯収束帯に向かって吹き始め，自転の影響によって右に曲げられ，北東から南西に向かう(北東)貿易風のことである。

■解答　問1　熱帯収束(赤道低圧)　　問2　砂漠　　問3　(北東)貿易風

例題20 海洋の層構造 [知識] →問題108, 113

次の文章を読み，下の各問いに答えよ。

右の図は，北大西洋の観測点Aと観測点Bとで，海面から深さ4000mまでの水温を計測した結果を示している。この観測結果は，観測点Aでの水温躍層がおよそ（　ア　）mの深さにあることを示している。

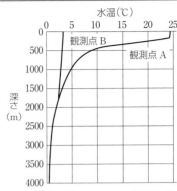

図1　観測点AとBでの海面から
深さ4000mまでの水温分布

海水の密度は水温が低いほど大きい。ここで，観測点Aと観測点Bの海水の密度が水温のみで決まるとすれば，海面で同じ程度の熱放出が起こり，両観測点とも同じ程度水温が下がって観測点Bで氷が生じた場合，海洋の表層から深層への海水の沈み込みは，観測点（　イ　）の方が起こりやすい。

深層に沈み込んだ海水の循環速度は極めて遅く，（　ウ　）で沈み込んだ長期間の海水の循環が長期的な気候サイクルに影響を与えている。

問1　空欄アにあてはまる最も適当な数値を，次の①～④から1つ選べ。
　　① 0～200　　　② 200～1200　　　③ 1200～1800　　　④ 1800～3000

問2　空欄イにあてはまるのは，観測点AとBのどちらか。記号で答えよ。

問3　空欄ウにあてはまる最も適当な語句を，次の①～⑤から1つ選べ。
　　① 北太平洋　　　② 北大西洋　　　③ インド洋
　　④ 太平洋赤道付近　　　⑤ 大西洋赤道付近

(14 センター試験追試 改)

■ **考え方**　問1　水温躍層は，表層混合層（緯度によって温度が大きく異なる）から深層（2000m以深で約2℃と一定になる）の間で，特に温度変化の大きい部分である。一般に，この層の深度は低緯度でやや深くなっている。

　　　　　　問2　海水から氷（海氷）を生じる際には，原則として塩分を除く水だけが凍結する。そのため，海氷を生じる高緯度の海では，塩分の高い冷たく密度の大きい海水が形成され，深層へと沈み込むことが多い。したがって，観測点Bで氷が生じていることから，海水の沈み込みは観測点Bの方が起こりやすいと判断できる。

　　　　　　問3　北大西洋で沈降し深層水となった海水は，大西洋を南下しインド洋や太平洋で北上し，ゆっくり上昇して表層水になり再び北大西洋に戻る。実際の海水の動きを，海面より沈み込み始めてからの時間（海水の年齢）を調べることで推定すると，このような循環になる。この循環がアメリカの海洋学者ブロッカーの提唱する海洋の鉛直循環モデル（ベルトコンベアモデル）になる。

■ **解　答**　問1　②　　　問2　（観測点）B　　　問3　②

基本問題

知識
102. 緯度別のエネルギー収支 ●地球の熱収支について述べた，次の文章を読み，以下の各問いに答えよ。

地球上における熱収支は緯度によって異なる。図は，1年間平均した緯度別の地球放射エネルギー量と吸収された太陽放射エネルギー量を示したものである。図からわかるように（　ア　）地方ほど吸収された太陽放射エネルギー量は少ない。地球放射エネルギ

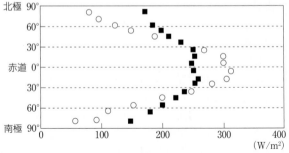

○吸収された太陽放射　■地球放射

ー量の緯度による違いは，吸収された太陽放射エネルギー量の緯度による違いよりも（　イ　）。緯度別に熱収支を調べると，赤道側では，吸収された太陽放射エネルギー量は，出ていく地球放射エネルギー量よりも（　ウ　），両極側では逆になる。熱収支の緯度による違いを埋めるように，<u>大気や海水の流れが熱を運んでいる</u>。

問1　文章中の空欄（　ア　）～（　ウ　）にあてはまる最も適当な語句を，次の語群から選べ。

〔語群〕高緯度，中緯度，低緯度，大きい，小さい，多く，少なく

問2　下線部の流れとして適当なものを，次の①～⑥のうちから **2つ**選べ。

①　海陸風　　　②　フェーン（現象）　　③　大気の大循環　　④　津波

⑤　エルニーニョ（現象）　　⑥　海流　　　　　　（05　センター試験追試　改）

思考
103. 低気圧と前線 ●次の文章を読み，以下の各問いに答えよ。

図1は，ある日の地上天気図にあった日本付近の温帯低気圧と，それに伴う前線を描いたものである。ただし，前線はその位置のみを示し，前線の記号は描いていない。この低気圧がこのままの気圧配置で東方に移動したとき，P地点では，図2のような気圧と気温の時間変化がみられた。

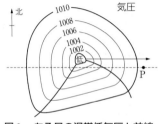

図1　ある日の温帯低気圧と前線
破線は，P地点を通る東西の線を示す。
数字の単位はhPa。右向きの矢印は，
低気圧の移動方向を示す。

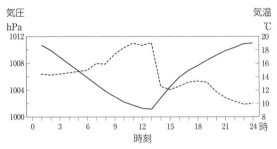

図2　P地点で観測された気圧（実線）と
気温（破線）の時間変化

(1) 図1の破線上での前線面の傾きを模式的に示したものとして，正しいものを(a)～(d)の
うちから1つ選べ。図は南から見たときの断面を示している。

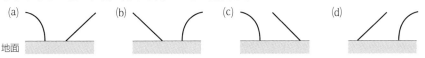

(a)　　　　　　　(b)　　　　　　　(c)　　　　　　　(d)

地面

(2) 図1の低気圧が東に移動したときに，P地点上空の雲形はどのように推移するか。次
の①～④のうちから，最も適当な組合せを選べ。

①　巻雲→積乱雲→高層雲→乱層雲　　　②　巻雲→高層雲→乱層雲→積乱雲

③　高層雲→乱層雲→巻雲→積乱雲　　　④　高層雲→積乱雲→巻雲→乱層雲

(3) 図2から，寒冷前線がP地点を通過した時刻を推定し，最も適当な時間帯を選べ。

①　6～9時　　　②　12～15時　　　③　18～21時

(4) 寒冷前線の通過に伴うP地点の風向の変化は次のいずれか選べ。

①　北寄りの風───南寄りの風　　　②　南寄りの風───北寄りの風

(04 センター試験追試　改)

104. 知識 **南半球の温帯低気圧**●南半球における温帯低気圧に伴う地上の風を示す模式図と
して最も適当なものを，次の①～⑤から1つ選べ。ただし，図中の円は等圧線を，矢印
は風の向きを示す。

(15 センター試験追試)

①　　　　　　　②　　　　　　　③　　　　　　　④　　　　　　　⑤

105. 知識 **大気の大循環**●大気に関する次の文章を読み，以下の問いに答えよ。

地球表面で受け取る太陽放射の緯度による違いによって，大気の大規模な南北方向の循
環が形成される。この循環に伴う南北方向の風は地球の自転により東西方向の力を受ける。
たとえば(a)ハドレー循環に伴う南北方向の風は，低緯度の地球表面付近で貿易風，(b)中緯
度で偏西風を引き起こす。

問1　下線部(a)のハドレー循環について述べた文として最も適当なものを，次の①～④の
うちから1つ選べ。

①　赤道域では空気が上昇する。

②　極域上空の冷たい空気が下降する。

③　オゾンが成層圏に輸送される。

④　ジェット気流と呼ばれる強い下降気流が形成される。

問2　下線部(b)に関連して，偏西風が吹いている緯度帯で主に発生する現象として最も適
当なものを，次の①～④のうちから1つ選べ。

①　温帯低気圧　　　②　エルニーニョ（エルニーニョ現象）

③　貿易風　　　④　台風

(17 センター試験追試　改)

知識

106. 大気の運動●次の文章は，科学者の寺田寅彦による随筆「茶碗の湯」（大正11年）からの抜粋である。これを読み，下の問いに答えよ。（文章は一部省略したり，書き改めたりしたところもある。）

ここに茶碗が一つあります。中には熱い湯が一ぱいはいっております。（中略）

ただ一ぱいのこの湯でも，自然の現象を観察し研究することの好きな人には，なかなかおもしろい見物（みもの）です。湯の面からは白い湯気が立っています。これはいうまでもなく，熱い水蒸気が冷えて，小さなしずくになったのが無数に群がっているので，ちょうど雲や霧と同じようなものです。（中略）

茶碗のお湯がだんだんに冷えるのは，<u>(a)湯の表面や茶碗の周囲から熱がにげるためだ</u>と思っていいのです。もし表面にちゃんとふたでもしておけば，冷やされるのはおもにまわりの茶碗にふれた部分だけになります。そうなると，<u>(b)茶碗に接したところでは湯は冷えて重くなり，下の方へ流れて底の方へ向かって動きます。その反対に，茶碗のまんなかの方では逆に上の方へのぼって，表面からは外側に向かって流れる，だいたいそういう風な循環が起こります。</u>（以下略）

出典：池内了編「科学と科学者のはなし　寺田寅彦エッセイ集」

問1　文章中の下線部(a)に関連して，茶碗の湯が表面から冷える過程として最も適当なものを，次の①〜④のうちから1つ選べ。

① 可視光線の反射　　　② 紫外線の放射

③ 二酸化炭素の放出　　④ 潜熱の放出

問2　文章中の下線部(b)に関連して，温度差を主な原因とする鉛直方向の動きが，全体の動きを駆動している現象として**適当でないもの**を，次の①〜④のうちから1つ選べ。

① 海洋の深層循環　　　② マントルの対流

③ 接触変成作用　　　　④ ハドレー循環

（18　センター試験本試　改）

知識

107. 大気の大循環●図は，北半球における地球大気の大循環を表した模式図である。矢印は地表付近の風向きを表している。点線は鉛直方向の大気の循環の一部で，<u>赤道付近で上昇した大気が緯度20°から30°付近で下降するようす</u>を表している。

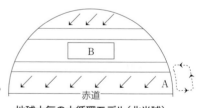

地球大気の大循環モデル（北半球）

問1　文章中の下線部に最も関係の深い地帯を，次の①〜③から1つ選べ。

① 熱帯収束帯　　　② 亜熱帯高圧帯　　　③ 極高圧帯

問2　図中のAで地上付近の東寄りの風は何と呼ばれているか答えよ。

問3　図中の北半球のBの地域で地表付近を吹く風は，主にどのような向きになるか。最も適当なものを，次の①〜④から1つ選べ。ただし，図中と方位は同じと考えよ。

① ↙　　　② ↗　　　③ ↖　　　④ ↘

（12　高卒認定試験　改）

知識
108. 海洋の循環 ●海洋の循環に関する次の文章を読み，以下の各問いに答えよ。

海洋には，深層循環（熱塩循環）と呼ばれる，表層から深さ数千mにまで及ぶ海水の循環があり，長期的な地球の気候を決める重要な要因となっている。

(a)ある特定の場所で沈み込んだ海水は，深層をゆっくりと流れ，地球の大洋をめぐると考えられている。深層循環は，各大洋をつなぐ(b)ベルトコンベアーにたとえられ，沈み込んだ海水が再び表層近くへ上昇するまでに（　　　）年を要すると考えられている。

(1) 下線部(a)に関連して，深層循環形成の主な原因を述べた文として最も適当なものを，次の①〜④のうちから1つ選べ。

① 風によって形成された表層の海流が，高緯度で深層にもぐり込むため

② 盛んな蒸発によって重くなった海水がその場で沈み込むため

③ 高緯度で冷却され，さらに結氷による高塩分化の影響を受けて重くなった海水が沈み込むため

④ 地熱によって暖められた深層水が，低・中緯度でゆっくりと上昇するため

(2) 下線部(b)に関連して，深層循環の模式図として最も適当なものを，右のa〜dのうちから1つ選べ。

(3) 文中の空欄に入れる数値として最も適当なものを，次の①〜④のうちから1つ選べ。

① 10〜20 　② 100〜200

③ 1000〜2000

④ 10000〜20000

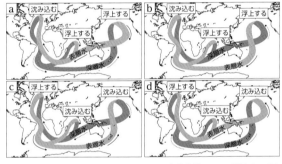

（06　センター試験本試，23　長崎大　改）

知識
109. 海洋の現象 ●世界の海洋では，海域ごとに様々な現象が起きている。ある海域に関する次の文章を読み，以下の問いに答えよ。

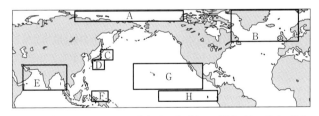

この海域では，エルニーニョ現象，ラニーニャ現象と呼ばれる現象が，それぞれ（　ア　）に一度の頻度で発生する。この海域の表層水温は，エルニーニョ現象の発生時には平年に比べて（　イ　）する。

(1) 図に示した領域A〜Hの中から，上の文章に該当する海域を含むものとして，最も適切なものを記号で答えよ。

(2) （　ア　）に入る数量として最も適切なものを，語群から選び答えよ。

　　〔語群〕　数ヶ月，数年，十数年，数十年

(3) （　イ　）に入る語句を答えよ。

（18　弘前大　改）

110. 緯度によるエネルギー収支 ■次の文章を読み，以下の各問いに答えよ。

右の図は，地球による太陽放射の吸収量と地球からの放射量の緯度分布を，模式的に示したものである。太陽放射の吸収量は低緯度ほど多く，高緯度では少ない。一方，地球放射量は温度が高い低緯度で多く，温度が低い高緯度で少ないが，緯度による差は太陽放射吸収量ほど大きくない。したがって，放射だけを考えると，低緯度ではエネルギーが余り，高緯度で不足することになる。この過不足は，南北方向の熱輸送によって解消されている。

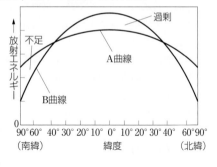

（センター試験本試　改）

(1) 地球放射量を表しているのは，A曲線，B曲線のどちらか。

(2) 下線部の南北方向の熱輸送を示す図として最も適当なものを，次のうちから1つ選べ。ただし，南から北への熱輸送量を正とし，北から南への輸送量を負とする。

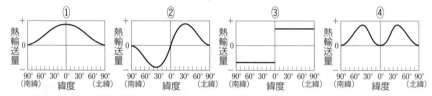

(3) 下線部の南北の熱輸送として，重要なものを次のうちから**3つ**選べ。

① 津波による熱輸送　　② 海流による熱輸送　　③ 地殻中の熱伝導

④ 大気の運動による熱輸送　　⑤ 水蒸気の潜熱による熱輸送

111. 大気の大循環 ■次の文章を読み，以下の各問いに答えよ。

図は，北半球における大気の循環を模式的に示している。大気の循環は，おおまかに3つの部分に分かれ，赤道側から（ ア ），フェレル循環，極循環と呼ばれる。（ ア ）の地表付近では貿易風が吹き，ₐフェレル循環の緯度帯では偏西風が南北に蛇行しながら吹いている。

問1　空欄アにあてはまる最も適当な語句を答えよ。

問2　文章中の下線部aについて，南半球でもこの貿易風は吹いているが，南半球での貿易風の風向を次の①〜④のうちから1つ選べ。

① 北東寄り　　② 北西寄り　　③ 南東寄り　　④ 南西寄り

問3　文章中の下線部bについて，偏西風の蛇行が南北熱輸送を生むしくみを，次の語句を使い40字以内で説明せよ。

{ 偏西風，　高緯度側，　低緯度側，　受け取り，　蛇行 }

（14 京都大　改）

112. 知識 **大気の大循環** 北半球において，温帯低気圧と移動性高気圧によって熱エネルギーが北向きに最も効率よく輸送されるとき，地表付近の気圧分布と気温分布はどのような関係になるか。それらの関係を表す模式図として最も適当なものを，次の①〜④のうちから1つ選べ。

ただし，図中で影をつけた部分は暖気を，そうでない部分は寒気を示している。また，円形の実線は等圧線を表す。

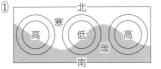

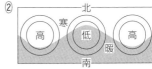

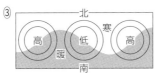

(06 センター試験本試 改)

113. 思考 **海水の表面温度** 次の図1は，北半球の中緯度において海面を通して海洋に出入りする熱エネルギーの年変化を示している。この図から，4月から8月の期間は，海洋に入る太陽放射エネルギーは海洋から出る熱エネルギーよりも多いが，10月から2月の期間は，その逆であることがわかる。このような熱エネルギーの出入りによって，海面付近では，加熱期に形成された暖水の層が，冷却期に対流によって上下にかき混ぜられる。その結果，中緯度の海面付近では，図2に示すような水温の年変化が起こる。

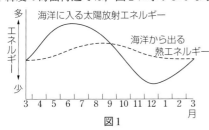

図1

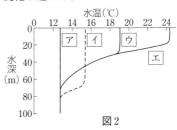

図2

(1) 図2のア〜エには，3月，6月，9月，12月のいずれかが入る。それぞれに入る最も適当な月を答えよ。

(2) 下線部に関連して，海面での熱エネルギーの出入りに関して述べた文として最も適当なものを，次の①〜④のうちから1つ選べ。

① 海洋から放射される電磁波の波長は，太陽放射の波長よりも短い。

② 1年間を通してみると，低緯度では，海洋に入る太陽放射エネルギーは海洋から出る熱エネルギーよりも少ない。

③ 海水が蒸発することによって，海洋から大気へ熱の輸送が起こる。

④ 放射によって海洋から出る熱エネルギーは，海水の塩分に依存する。

(09 センター試験本試)

知識

114. 海流 ▧海流に関する次の文章を読み，以下の問いに答えよ。

中緯度の亜熱帯高圧帯の周りには，貿易風や偏西風が吹いているため，これらによって，南北両半球の各大洋に亜熱帯環流（亜熱帯循環系）が形成されている。亜熱帯環流は，南半球では（　ア　）である。<u>亜熱帯環流には，熱帯から高緯度に向かう強い暖流がある。</u>その顕著な例として（　イ　）という北半球の暖流があげられる。

問1　文章中の空欄（　ア　）と（　イ　）に入れる語の組合せとして最も適当なものを，次の①～④のうちから1つ選べ。

①　ア　時計回り　　イ　黒潮　　②　ア　時計回り　　イ　親潮

③　ア　反時計回り　イ　黒潮　　④　ア　反時計回り　イ　親潮

問2　下線部の強い暖流は，どのあたりによくみられるか。最も適当なものを，次の①～④のうちから1つ選べ。

①　大洋の東側　　②　大洋の西側　　③　大洋の低緯度側　　④　大洋の高緯度側

（15　神戸大　改）

思考

115. 水の循環 ▧次の文章を読み，問いに答えよ。

地球表層の水の97%以上は海水である。陸水の大部分は（　ア　）で次に（　イ　）が多い。海洋では蒸発量が降水量を上回っている。<u>これは蒸発した水が水蒸気や雲として陸上に運ばれ，降水となって陸地に達し</u>，やがて海に戻っていくからである。地球表層で水が滞留する時間は，大気で（　A　）日程度であり，海洋表層で100年程度，海洋深層で2000年程度である。

地球表面の約7割を占める海は，大気とともに低緯度から高緯度への熱輸送に重要な役割を担っている。低緯度の（　ウ　）風や中緯度の（　エ　）風によって，大洋規模の（　オ　）循環ができる。低緯度で暖められた海水は，海流によって中緯度や高緯度に輸送される。北太平洋では，黒潮が熱を北向きに運搬する代表的な海流である。

問1　文章中の空欄（　ア　）～（　オ　）にあてはまる最も適当な語句を答えよ。

問2　下線部について，水は蒸発するときには周囲から熱を奪い，凝結するときには周囲に熱を放出する。このような状態変化に伴う熱を総称して何と呼ぶか答えよ。

問3　空欄（　A　）にあてはまる数値を，右の図を参考にして計算し求めよ。計算式も示せ。

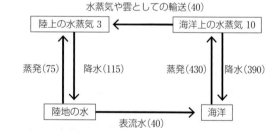

図　地球上の水の循環

（16　神戸大　改）

116. 知識 **大気と海洋の構造** オホーツク海とその上空の大気と海洋に関して述べた次の文 a 〜 d について正誤を答えよ。

a 　冬のオホーツク海では，冷やされた海水が深部に沈み込み，地球規模の深層循環（深層水の大循環）が駆動される。

b 　夏にオホーツク海上で高気圧の勢力が強くなると，東日本や北日本の太平洋側で冷夏になりやすい。

c 　冬に日本列島付近で北西の季節風が強くなるのは，オホーツク海上で高気圧の勢力が強くなることが関係している。

d 　梅雨前線は，オホーツク海気団と南の海上にある小笠原気団の境界で形成される。

（17　センター試験本試　改）

117. 知識 **エルニーニョ現象** 次の文章を読み，以下の問いに答えよ。

　エルニーニョ（現象）とラニーニャ（現象）の発生時に，熱帯域の大気と海洋は相互に影響して大きく変化する。エルニーニョ時の熱帯太平洋域の大気は，通常よりも貿易風が（　ア　）なり，降水域が（　イ　）へと移動する。また，熱帯太平洋東部で海面気圧は（　ウ　）なり，西部で海面気圧は（　エ　）なる。図の(A)と(B)は，それぞれ赤道太平洋の東部と西部のいずれかの水温の鉛直分布を示している。また，図の実線と破

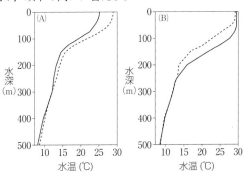

図　赤道太平洋の水温の鉛直分布

線は，それぞれ平年時とエルニーニョ時のいずれかの水温を示している。

問1　（　ア　）〜（　エ　）について，次の語句からそれぞれ適切なものを選べ。

　　㋐　強く・弱く　　　㋑　東・西　　　㋒　高く・低く　　　㋓　高く・低く

問2　図の(A)と(B)のうち，東部の水温の鉛直分布を示しているものはどちらか。また，エルニーニョ時の水温を示しているのは，実線と破線のどちらか。

問3　エルニーニョ，あるいはそれに伴う現象について述べた文として誤っているものを，次の①〜⑤のうちから1つ選べ。

　①　赤道太平洋東部で，カタクチイワシの漁獲量が大きく減少する。

　②　赤道太平洋の大気と海洋が，風や水温を通して影響しあうことで生じる。

　③　南米のペルー沖で，深い層から海水が活発に湧き上がる。

　④　普段は雨がほとんど降らないペルーの海岸砂漠でも雨が降る。

　⑤　低緯度域だけでなく，世界の気象に影響を及ぼす。

（15　北海道大，03　センター試験本試）

チャレンジ問題 6 「地学」に挑戦 challenge

≫風

❶風が起こるしくみ

(a)**気圧傾度力** 水平方向の2地点間で気圧の差があるとき，2地点間の距離に対する気圧の差を気圧傾度という。これに比例した力が気圧傾度力であり，気圧の高い方から低い方へ，等圧線に直角に働く。

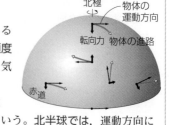

(b)**転向力（コリオリの力）** 地球の自転によって，地球上で運動する物体に働く見かけの力を転向力という。北半球では，運動方向に対して直角右向きに働き，南半球では，その逆となる。転向力の大きさは緯度によって異なり，極で最大，低緯度ほど小さくなり，赤道では**0**となる。

❷地衡風と地表付近の風

(a)**地衡風** 空気塊と地表面との摩擦がない上空（地上約1km以上）では，空気塊は，気圧傾度力によって等圧線に直角な方向に動き始めるが，転向力を受けるため，
北半球では，しだいに運動方向に対して右向きに曲げられていく。**転向力が気圧傾度力とつり合ったとき，風は安定し，北半球では，低圧部を左に見ながら等圧線に平行に吹く。**この風を地衡風という。

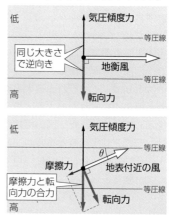

(b)**地表付近の風** 地表付近を吹く風には摩擦力が働くため，**転向力と摩擦力の合力が，気圧傾度力とつり合ったとき，風向きは安定し，等圧線を横切るように吹く。**摩擦力が小さい海上では，風向と等圧線のなす角 θ は小さい。また，転向力が大きい高緯度ほど，等圧線とのなす角 θ が小さい。

知識
地表付近の風◆右図のように，地表付近での風の向きは，（ ア ），地球表層による摩擦力，（ イ ）の3つの力のつり合いで説明できる。（ ア ）が北向きにかかっていて，摩擦力と（ イ ）の合力が同じ大きさである場合，力のつり合いから北半球での風向は（ ウ ）になると予想される。

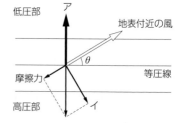

(1) 空欄にあてはまる適切な語句を答えよ。

(2) 図中の地表付近の風と等圧線のなす角 θ は，一般に，陸上と比べて，海上では小さくなるか大きくなるか。

(01 信州大，10 広島大 改)

チャレンジ問題 7 「地学」に挑戦

≫偏西風波動

❶**上空の偏西風の吹き方** 上空の偏西風は，北半球中緯度では高圧部（低緯度側）を右に見る方向で西から東へ，北極の上空から見ると反時計回りに吹いている。

❷**偏西風波動** この偏西風の状態を決定する上空の気圧配置は，平均すると，ほぼ同心円状になっている。しかし，特定の時刻の気圧配置では同心円状ではなく，南北に大きく蛇行している場合が多い。

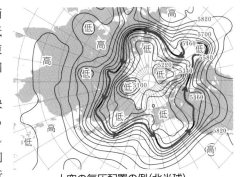

上空の気圧配置の例（北半球）
数字は高度を示し，高いほど気圧が高い。

上空の低気圧や高気圧の渦が影響していることが原因で，上空の偏西風も大きく蛇行しながら地球を回っている。これを**偏西風波動**という。この波動の動きに合わせて，上空の気圧の配置などが西から東に移動していき，中緯度の地上の天気の変化に影響を与えている。また，偏西風波動は，熱輸送の働きも担っている。

知識
偏西風波動◆次の文章を読み，以下の各問いに答えよ。

　北半球中緯度の対流圏上部では，平均的には西から東への強い風が吹いており，これを $_a$偏西風と呼ぶ。日々の高層の状態をみると，偏西風は南北に大きく蛇行していることが多く，これを偏西風波動と呼ぶ。偏西風波動は，地上の（　　　）や移動性高気圧とつながっていることが多い。また，$_b$偏西風波動は，熱エネルギーを運ぶ役割を果たしている。

問1　文章中の空欄（　　）にあてはまる適切な語句を答えよ。

問2　下線部 a のような上空の大規模な風は，地表付近の風と違い2つの力のつりあいによる風である。地表付近の風には働き，上空の偏西風には働いていない力を答えよ。

問3　下線部 b について，右に偏西風波動の模式図を示す（図の上を北とする）。北半球での偏西風波動では，高圧側になるのはA，Bのどちらか。

問4　下線部 b について，大気の大循環に伴って，赤道付近の熱が極側へ輸送されている。偏西風波動は，どこからどこへの熱輸送を担っているか，次のうち最も適当なものを選び記号で答えよ。

　① 赤道地帯から低緯度地域へ　　② 低緯度地域から中緯度地域へ
　③ 中緯度地域から高緯度地域へ　　④ 高緯度地域から極へ

(19　北海道大　改)

第3章

大気と海洋

7 | 宇宙と太陽の誕生

1 宇宙の探究

　古代の人々は，肉眼で見える太陽や月，星などを観測して暦や時刻を定めた。17世紀にはガリレオが，18世紀にはハーシェルが宇宙を望遠鏡で観測した。20世紀以降は，光の観測によって，遠方の天体の距離や銀河系の外のようすなどがわかってきた。

2 宇宙の始まり

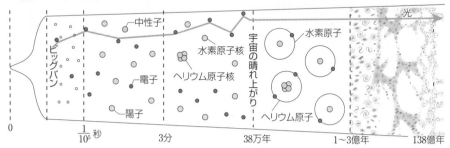

❶**ビッグバン**　宇宙は今から約138億年前に，**超高温・超高密度状態**の，光と電子をはじめとするさまざまな粒子の混ざり合った状態から始まったとされる。この宇宙全体が火の玉のような状態を**ビッグバン**という。

❷**元素の誕生**　宇宙の空間は時間とともに膨張し，温度が下がっていったとされている。ビッグバンの10万分の1秒後，温度が約1兆Kになり，陽子（水素の原子核）や中性子が誕生した。3分後，温度が約10億Kになり，ヘリウム原子核がつくられた。この頃の宇宙に存在した原子核の数の割合は，水素が約93%，ヘリウムが約7%であった。

❸**宇宙の晴れ上がり**　ビッグバンの38万年後，温度が約3000Kになると，水素原子核やヘリウム原子核が電子をとらえ，水素原子やヘリウム原子になり，電子に衝突し直進できなかった光が直進できるようになった。このような現象を**宇宙の晴れ上がり**という。

　K（ケルビン）　絶対温度の単位。原子や分子の熱運動エネルギーが0となる温度（−273.15℃）を**絶対零度（0 K）**とし，目盛りの間隔は摂氏温度（℃）と同じである。
$$T(\mathrm{K}) = t(℃) + 273.15$$

　光年　速さ30万 km/s の光が1年間かかって進む距離を**1光年**といい，約**9兆4600億 km**である。10光年の距離にある恒星から届く光は，10年かかって地球に届くので，10年前の恒星の姿を見ていることになる。

❹**恒星と銀河**　恒星が誕生し，恒星の集団として銀河が形成された。
　銀河内の恒星間には**星間物質**が存在する。これらは，希薄な気体からなる**星間ガス**と，固体微粒子の**星間塵（ダスト）**に分けられる。星間物質が濃くなっている場所を**星間雲**という。星間ガスが恒星の光を受けて輝くと，**散光星雲**として観測される。また，星間塵が恒星や散光星雲の光を遮ると，**暗黒星雲**として観測される。

❺星団 同じ星間雲から誕生した恒星は，星団という集団を形成した。

　(a)**散開星団** 比較的若い星が，数十から数百個不規則に集まった集団を散開星団という。

　(b)**球状星団** 年老いた星が，数十万個以上球状に集まった集団を球状星団という。

❻銀河系の構造 太陽系が属する銀河を銀河系（天の川銀河）といい，約1000億個以上の恒星からなる。銀河系は，右図のようにバルジ（中心部），ディスク（円盤部），球状のハローから構成されている。太陽系は，中心部から約2万8000光年離れたところにある。現在も銀河系内では，恒星が誕生し続けている。また銀河系は，付近の銀河と集団をつくっている。

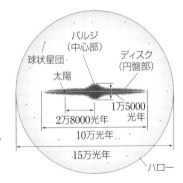

※50個に満たない程度の銀河の集まりを銀河群，それよりも多く，ときに1000個を超える銀河の集まりを銀河団という。

3 太陽の誕生

❶原始太陽の誕生 現在から約46億年前，星間雲が自らの重力によって収縮し，やがて中心部に高密度の核をつくり，その周りにガス円盤を形成した。中心部の密度が高くなるにつれ，温度や圧力が高くなり，原始太陽（原始星）が誕生した。原始太陽は，ゆっくりと収縮を続けながら，重力のエネルギーを熱に変えて輝いていた。

❷太陽の誕生 原始太陽の誕生から約3000万年後，中心部の温度は約1400万Kにまで上昇し，水素の核融合（核融合反応）が始まり，現在のような**太陽**が誕生した。太陽は，水素の核融合が続く限り，安定して輝くことができる。その期間はおよそ100億年とみられる。このように，**安定して輝いている段階の恒星を主系列星**という。

4 現在の太陽

❶現在の太陽

　(a)**太陽の半径** 太陽の半径は約70万kmで，地球の約109倍もある。

　(b)**太陽の大気** 大気の組成は，水素が約92.5%，ヘリウムが約7.3%である。

　(c)**太陽のエネルギー源** 太陽の中心核は，超高温・超高圧の状態で，水素の原子核4個をヘリウムの原子核1個に変換する核融合が起きており，毎秒約6000億kgの水素がヘリウムに変わっている。これによって発生したエネルギーは，放射や対流などによって太陽表面に運ばれ，太陽の表面温度は約6000K，中心部は約1600万Kになっている。

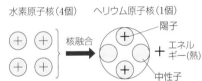

❷太陽の表面

(a)**光球** 太陽表面のうち，直接見ることのできる数百 km の薄い層。太陽は巨大な高温のガスのかたまりであるために，中心部に比べて**周縁部は暗く見える**。この現象を周縁減光という。

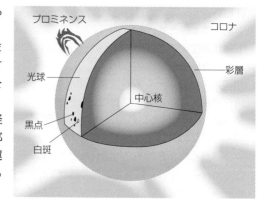

(b)**粒状斑** 光球表面にみられる直径 1000 km ほどの斑点。これは内部で発生したエネルギーを表面に運ぶときに起こるガスの対流によるものである。

(c)**黒点** 磁場の影響で中心部からのエネルギーが表面まで運ばれにくくなり，周囲よりも温度の低い部分(約 4500 K)ができ，光球表面で黒っぽく見える部分。数個集まって現れることが多く，平均10日前後で消滅する。黒点の周りには，白斑という少し温度の高い部分(約 6500 K)が現れることがある。

　　黒点の移動の観察からは，太陽の自転周期を求めることができる。地球に対する太陽の自転周期は，緯度によって異なり，高緯度では約32日，低緯度では約27日である。黒点の数は増減しており，黒点が最も多い時期である極大期には，太陽活動は最も活発になり，地球に到達するエネルギーが増加する。

❸太陽の外層

(a)**彩層** 光球のすぐ外側の赤い大気の層。皆既日食のときに観察することができる。温度は約 1 万 K である。

(b)**プロミネンス** 彩層から立ち上がる高さ数千〜数十万 km にもなる巨大な炎のような気体。数分で消えるものから数か月続くものまである。

(c)**コロナ** 彩層の外側の希薄な大気。温度は100万 K 以上もあり，太陽活動が活発なときは大きく広がり，そうでないときは小さくなる。

(d)**太陽風** 太陽の表面から放出された，電子や陽子などの電気を帯びた粒子(荷電粒子)の流れ。

5 恒星の明るさ

❶**等級** 星の明るさは，等級を用いて表され，特に地球から見た明るさで定められた等級を見かけの等級という。等級は，明るい星ほど小さくなるように定められている。 1 等星の明るさは 6 等星の明るさの100倍と決められており，5 等級差は100倍，1 等級差は，$\sqrt[5]{100}$ 倍(約2.5倍)である。 1 等級よりも明るい星は 0 等級，さらに明るければ−1 等級と負の数になる。さらに，明るさを正確に測定された恒星は小数で表されることもある。例えば，太陽の見かけの等級は−26.8等級，(太陽以外の)恒星で一番明るいおおいぬ座のシリウスは−1.5等級，夏の大三角形の 1 つとして有名なわし座のアルタイルは0.8等級となる。

1 次の文章を読み，文中の（　　）に最も適する語句・数値を答えよ。

宇宙ができたとされるのは今から約（　1　）前である。極めて（　2　）・高密度で，さまざまな粒子と（　3　）が混ざり合った状態で，火の玉のようであったことから（　4　）と呼ばれる。

その後，宇宙は膨張し続け，10万分の1秒で温度が約（　5　）になり，原子の成分である（　6　）や中性子が誕生した。さらに3分ほど経過し，温度が約（　7　）になると，（　6　）と中性子から（　8　）の原子核がつくられた。約38万年後に温度が約（　9　）になると，水素原子核やヘリウム原子核が（　10　）をとらえて水素原子やヘリウム原子になった。それまで宇宙に満ちていた（　11　）は，電子と衝突して直進することができなかったが，電子が水素とヘリウムの原子に取り込まれたことで，直進できるようになった。こうして霧が晴れるように宇宙が透明になった現象は（　12　）と呼ばれる。

2 次の文章を読み，文中の（　　）に最も適する語句・数値を答えよ。

銀河系は，中心部に恒星が密集して膨らんだ（　1　）があり，その周りには渦巻き状に恒星が分布している直径約10万光年の（　2　）があり，それらを取り囲む直径約15万光年の球状の（　3　）から構成されている。太陽系は，銀河系の中心から約（　4　）離れており，夏の夜空にみられる（　5　）の明るい部分は，銀河系の中心方向である。

3 太陽の誕生に関する次の文章中の（　　）に適する語句を答えよ。

星間物質が局所的に濃くなっている部分を（　1　）という。この（　1　）が重力の働きで収縮していき，中心部の（　2　）や圧力が上昇していった。やがて圧力が十分に高くなり，原始星の段階にある（　3　）が誕生した。その後ゆっくりと収縮を続け，中心温度が約1400万Kまで上昇すると中心部で（　4　）が始まる。この反応は4つの水素原子核を1つの（　5　）原子核に変換することでエネルギーを得ており，太陽の場合，中心部の水素を使い果たしてこの反応が完了するのに（　6　）年程度かかるとされている。

4 以下の(1)〜(6)の説明文に最もあてはまるものを，次の語句から選べ。

コロナ　　黒点　　粒状斑　　プロミネンス　　彩層　　太陽風

(1) 光球面にあり，周りよりも少し温度が低く黒っぽく見える部分。

(2) 彩層から立ち上がる巨大な炎のような気体。

(3) 彩層の外側にある100万K以上もある希薄な気体。

(4) 熱の運搬のために上昇してきたガスの対流による太陽表面の模様。

(5) 光球の外側にみられる赤い大気の層。

(6) 太陽表面から放出される電気を帯びた高速の粒子の流れ。

解答

1 (1)138億年　(2)高温　(3)光　(4)ビッグバン　(5)1兆K　(6)陽子(水素の原子核)　(7)10億K　(8)ヘリウム　(9)3000K　(10)電子　(11)光　(12)宇宙の晴れ上がり

2 (1)バルジ(中心部)　(2)ディスク(円盤部)　(3)ハロー　(4)2万8000光年　(5)天の川

3 (1)星間雲　(2)温度　(3)原始太陽　(4)核融合(核融合反応)　(5)ヘリウム　(6)100億

4 (1)黒点　(2)プロミネンス　(3)コロナ　(4)粒状斑　(5)彩層　(6)太陽風

知識

118. 宇宙の始まり◆次の文を読み，宇宙の始まりからの出来事を古い順に並べ替えよ。

(ア) ヘリウムの原子核がつくられ，宇宙に存在する元素の数の割合が，水素が約93％，ヘリウムが約7％となった。

(イ) 恒星や銀河などが誕生した。

(ウ) 極めて高温・高密度のビッグバンと呼ばれる状態であった。

(エ) 陽子(水素の原子核)や中性子が誕生した。

(オ) 地球などの惑星を含めた太陽系が形成された。

(カ) 水素原子核やヘリウム原子核が電子をとらえて，水素原子やヘリウム原子になり，光が直進できるようになった。

知識

119. 散開星団と球状星団◆写真のa，bの星団の種類を答えよ。また，その星団の説明として，それぞれ適するものを以下の(1)～(4)から**すべて**選べ。

a
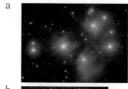

(1) 重元素が少なく年老いた星で構成されている。

(2) 数十～数百の星が集まっている。

(3) 数万～数百万の星が集まっている。

(4) 重元素が多く比較的若い星で構成されている。

b

知識

120. 恒星の明るさ◆恒星の明るさについて述べた文として正しいものを，次の①～④のうちから1つ選べ。

① 等級が5等級小さくなると，明るさは $\frac{1}{100}$ 倍になる。

② 地球から見た星の明るさを，見かけの等級という。

③ 太陽の見かけの等級は0等級である。

④ 等級は0等級が一番明るい。

知識

121. 太陽の表面◆太陽の表面と外層の構造に関して述べた文として誤っているものを，次の①～④のうちから1つ選べ。

① 粒状斑は，太陽内部の対流によってつくられる太陽表面の構造である。

② 黒点は周りよりも温度が高いため，黒く見える太陽表面の構造である。

③ プロミネンスは，光球の外側にガスが噴出した巨大な構造である。

④ コロナは，彩層の外側に存在する100万K以上の高温な気体からなる構造である。

(17　センター試験本試　改)

例題21　宇宙の膨張とビッグバン 知識　　　　　　　　　　⇒問題122，131

宇宙の始まりについて表にまとめた。空欄に適する語句・数値を下から選べ。

時間	できごと	
（　1　）年前	宇宙の誕生	宇宙は，超（　2　）・超高密度で，さまざまな粒子が入り混じった（　3　）の状態であった。
宇宙の誕生から $\frac{1}{10^5}$ 秒後	（　4　）や中性子の誕生	宇宙が膨張し，温度が低下して（　4　）や中性子ができた。
宇宙の誕生から3分後	（　5　）原子核の誕生	さらに温度が低下し，（　5　）原子核ができた。
宇宙の誕生から38万年後	原子の誕生	原子核が（　6　）をとらえ，水素原子やヘリウム原子ができた。
	（　7　）	（　6　）と衝突して直進できなかった（　8　）が直進できるようになった。

① 46億　② 138億　③ 低温　④ 高温　⑤ ビッグバン
⑥ 電子　⑦ 中性子　⑧ 陽子　⑨ 炭素　⑩ ヘリウム　⑪ 酸素
⑫ 宇宙の晴れ上がり　⑬ 水　⑭ 光

考え方　(1)(2)(3) 現在の膨張する宇宙は，約138億年前に始まったとされている。宇宙の始まりは，超高温・超高密度で光や粒子が混ざり合った状態（ビッグバン）であった。
(4)(5)(6) 温度が1兆Kになると，陽子（水素の原子核）や中性子ができた。温度が10億Kに下がると，ヘリウムの原子核ができた。温度が3000Kに下がると，水素やヘリウムの原子核が電子を取り込んだことによって，水素やヘリウムの原子ができた。
(7)(8) 電子と衝突して直進できなかった光が，直進できるようになった現象を宇宙の晴れ上がりという。

解答　(1)　②　(2)　④　(3)　⑤　(4)　⑧　(5)　⑩　(6)　⑥　(7)　⑫　(8)　⑭

例題22　銀河系の構造 知識　　　　　　　　　　　　⇒問題123，133

右図は銀河系の構造の模式図である。次の各問いに答えよ。
(1)　Aの部分の名称を答えよ。
(2)　太陽系の位置として最も適したものを，図中のB〜Gから選び記号で答えよ。
(3)　ディスク（円盤部）の直径は，およそ何光年か答えよ。

（16　日本大　改）

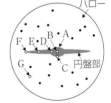

考え方　(1)　銀河系は，中心の恒星が密集して膨らんだバルジ（中心部）と，恒星が渦巻状に分布したディスク，それらを球状に囲むハローで構成されている。
(2)　太陽系は，銀河系の中心から約2万8000光年離れたところに位置する。
(3)　円盤部の直径は10万光年，ハローの直径は15万光年である。

解答　(1)　バルジ（中心部）　(2)　E　(3)　10万光年

第4章
宇宙と地球

例題23　太陽の誕生 思考 論述　　　　　➡問題 124, 126, 134, 135

次の文章を読み，以下の各問いに答えよ。

宇宙空間には（　ア　）が存在し，主成分が（　イ　）とヘリウムである星間ガスと，固体微粒子である星間塵からなる。（　ア　）が大量かつ高密度に集まったものを星間雲と呼ぶ。太陽のような恒星は，星間雲の中で誕生したと考えられている。

問1　文章中の空欄（　ア　）・（　イ　）に適する語句を入れよ。

問2　下線部に関連して，現在の太陽のエネルギー源について，数字の「1」「4」を用いて30字以内で簡潔に説明せよ。

問3　下線部に関連して，現在の太陽のような段階の恒星を何というか答えよ。

(19　東京学芸大　改)

■ **考え方**　問1　恒星と恒星の間には星間物質があり，恒星が誕生するための材料となる。
　　　　　問2　星間雲から原始太陽が形成され，中心部の温度が上昇し，水素原子核4個をヘリウム原子核1個に変換する核融合が始まったとされている。この核融合が，現在の太陽のエネルギー源であり，下線部が答えられていれば正答となる。
　　　　　問3　核融合は，中心部の水素が消費しつくされるまで継続し，その間は安定して輝き続ける。この段階の恒星を主系列星という。

■ **解答**　問1　（ア）星間物質　　（イ）水素
　　　　　問2　水素原子核4個をヘリウム原子核1個に変換する核融合。(26字)
　　　　　問3　主系列星

例題24　現在の太陽 思考 論述　　　　　➡問題 128, 129

次の文章を読み，以下の各問いに答えよ。

われわれが見ている太陽は，太陽表面の（　ア　）と呼ばれるごく薄いガス層であり，(1)中央部が最も明るく，周縁部にいくほど暗く見える。日食時には，（　ア　）の外側の薄い大気の層である（　イ　）や，その外側に広がるコロナを見ることができる。また，表面には，黒い点の(2)黒点を観測することができる。　　　　　(20　福岡大　改)

問1　空欄（　ア　）・（　イ　）に適する語句を入れよ。

問2　下線部(1)のことを何というか答えよ。

問3　下線部(2)の黒点が黒く見える理由を，15字程度で簡潔に説明せよ。

■ **考え方**　問1，問2　太陽はガス球であり，厚さ約100 kmの光球を見ることができる。中心部ほど，深部の温度の高い部分まで見ることができるため最も明るく，周縁部ほど浅い部分の温度の低い部分しかみられず暗くなる。光球の周りには，薄い大気の層である彩層，そしてその外側には100万K以上もあるコロナが存在する。
　　　　　問3　黒点は，磁場の影響でエネルギーが外側まで運ばれにくく，光球の表面温度約6000 Kに対し，約4500 Kと低い。周りよりも温度が低いことが答えられていれば正答となる。

■ **解答**　問1　（ア）光球　　（イ）彩層　　問2　周縁減光
　　　　　問3　周りよりも温度が低いため。(13字)

知識

122. 宇宙の始まり 宇宙の歴史に関する次の各問いに答えよ。

138億年間を1年(365日)として，はじめに宇宙の始まりであるビッグバンが1月1日0時に起こったものとする。その直後に中性子と水素の原子核である(A)が形成され，これらが集まって(B)の原子核となった。

問1 1か月は平均しておよそ何億年間に相当するか。最も適当なものを，次の①〜④のうちから1つ選べ。

① 3億年間 ② 6億年間 ③ 12億年間 ④ 24億年間

問2 ビッグバンについて説明した文として最も適当なものを，次の①〜④のうちから1つ選べ。

① 宇宙が誕生した時は，低温・低密度であった。
② 宇宙が誕生した時は，低温・高密度であった。
③ 宇宙が誕生した時は，高温・低密度であった。
④ 宇宙が誕生した時は，高温・高密度であった。

問3 文章中の(A)と(B)に入れる語句の組合せとして最も適当なものを，次の①〜④のうちから1つ選べ。

① A 陽子 B 炭素 ② A 陽子 B ヘリウム
③ A 電子 B 炭素 ④ A 電子 B ヘリウム

問4 太陽が誕生した時期として最も適当なものを，次の①〜④のうちから1つ選べ。

① 3月1日 ② 6月1日 ③ 9月1日 ④ 11月1日

(18 高卒認定試験 改)

知識

123. 銀河系の構造 銀河系と恒星に関する以下の各問いに答えよ。

(1) 銀河系の円盤部の直径とハローの直径の組合せとして最も適当なものを，次の①〜④のうちから1つ選べ。

	円盤部の直径	ハローの直径		円盤部の直径	ハローの直径
①	1万光年	2万光年	②	5万光年	10万光年
③	10万光年	15万光年	④	15万光年	20万光年

(2) 私たちが星空を見たとき，天の川が大きく見えた。天の川は，右の銀河系の断面図のA〜Dのうち，どの方向を見たものか。最も適当な組合せを，下の①〜④のうちから1つ選べ。

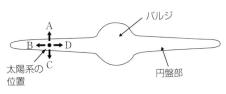

① AとB ② BとC ③ AとD ④ BとD

(18 高卒認定試験)

第4章 宇宙と地球

[知識]

124. 恒星の誕生 ●次の文章を読み，以下の各問いに答えよ。

恒星と恒星の間，星間空間はまったくの真空ではなく，（　ア　）や（　イ　）からなる星間物質が不均一に存在している。(a)周囲よりも密に分布する部分は（　ウ　）と呼ばれ，その中で，H_2 や CO あるいは，もっと複雑な分子が密に分布する部分を分子雲と呼ぶ。恒星は，このような（　ウ　）や分子雲から誕生する。また，恒星が密集したものを (b)星団といい，恒星の形成とほぼ同時期に形成されると考えられている。

問1　文章中の空欄（　ア　）〜（　ウ　）に入る適切な語句を答えよ。

問2　文章中の下線部(a)に関連して，以下の文の空欄（　エ　），（　オ　）にあてはまる最も適当な語を答えよ。

　　　星間ガスが恒星の光を受けて輝くと，（　エ　）として観測される。また，星間塵が（　エ　）の光を遮ると，（　オ　）として観測される。

問3　文章中の下線部(b)に関連して，おうし座のプレアデス星団を代表とする，恒星が数十〜数百個程度の星団の種類を答えよ。

(15　奈良教育大　改)

[知識]

125. 宇宙とその構成 ●次の(1)〜(8)の文について，下線部が正しければ○，間違っていれば正しい語句を答えよ。

(1)　天の川は，銀河系の姿をその外側から見たものである。

(2)　1光年は，光が1年かかって進む距離で約9兆4600億 km である。

(3)　水素やヘリウムの核融合は，惑星のエネルギー源になる。

(4)　宇宙が始まった約138億年前は，ビッグバンの状態にあった。

(5)　銀河系の中心部は，ハローと呼ばれる。

(6)　絶対零度は $-273.15°C$ である。

(7)　宇宙の初期には，中性子に絶えず衝突するため光が直進できない時期があった。

(8)　太陽系は，銀河系の中心から約10万光年離れたところにある。

[知識]

126. 太陽の誕生 ●次の文章を読み，以下の各問いに答えよ。

銀河系において，ある（　ア　）が，何らかのきっかけで収縮を始め，その中心部で（　イ　）が生まれた。ただし，（　イ　）は，その周りを取り巻く濃い星間物質によって可視光では観測できない。その後も，星は収縮を続け温度を上げていき，ついには中心部で水素の核融合が始まった。このエネルギーの発生によって星の収縮が止まり，大きさおよび明るさが一定の（　ウ　）になり，現在の太陽となった。

問1　文章中の空欄（　ア　）〜（　ウ　）にあてはまる語句を答えよ。

問2　文章中の下線部の説明文として適当な文になるように，下の文中の空欄（　A　）・（　B　）にあてはまる数字を答えよ。

　　　『水素の核融合は，非常に高温・高圧の状態で，（　A　）個の水素原子核が（　B　）個のヘリウム原子核に変換される反応である。』

(19　秋田大　改)

127. **太陽の誕生** ●次の図は，宇宙の誕生から現在を含む時間の流れを示したものである。
この図に，(1)太陽が誕生したとき，(2)太陽が寿命を迎えるときを描き入れると，a～fの
どこに対応するか，それぞれ記号で答えよ。なお，矢印の始点からそれぞれの記号を記し
た位置までの長さは，宇宙の誕生からそのときに至るまでの経過時間に比例しているとす
る。

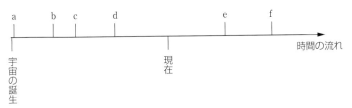

（20　センター試験本試　改）

128. **太陽の表面現象** ●SさんとU先生の会話文を読み，以下の各問いに答えよ。

Sさん：これは何の写真ですか。

U先生：これは皆既日食のときに地上から観測した
　　　　太陽の写真です。

Sさん：_(a)(ア)のように太陽の周囲で白く見える部
　　　　分の温度はどれくらいなのですか。

U先生：およそ100万Kから200万Kです。

Sさん：とても熱いのですね。それでは太陽の光球
　　　　面はもっと熱いのでしょうね。

U先生：ところが，_(b)光球面の温度の方が低いのです。

図　皆既日食のようす

問1　下線部(a)の(ア)のように，太陽の周囲で白く見える部分の名称として最も適当なも
　　　のを，次の①～④のうちから1つ選べ。

　　　①　白斑　　　　　②　粒状斑　　　　③　クレーター　　　　④　コロナ

問2　下線部(b)について，光球面の温度として最も適当なものを，次の①～④のうちから
　　　1つ選べ。

　　　①　約1600K　　　②　約6000K　　　③　約6万K　　　④　約1600万K

問3　太陽を観測するときには，直接見るのではなく，白紙に投影して観測する。なぜ太
　　　陽を望遠鏡で直接見てはいけないのか，その理由として最も適当なものを，次の①～
　　　④のうちから1つ選べ。

　　　①　集光力の高い望遠鏡で直接太陽を覗くと失明する可能性があるから。

　　　②　大きさが地球の約100倍もあるので，直接見ると視野からはみ出してしまうから。

　　　③　白紙に投影しないと，プロミネンスや彩層のようすがよくわからないから。

　　　④　太陽風によって像が乱されているから。

（10　高卒認定試験，07　秋田大　改）

図 太陽の光球の観測結果

知識

129. 太陽の表面 ●次の文章を読み，各問いに答えよ。

　可視光線で見ることのできる太陽の表面を光球という。光球を観測すると，右図のような（　ア　）と呼ばれる構造がみられる。（　ア　）の1つの大きさは約1000kmであり，太陽の内部から（　イ　）によってエネルギーが運ばれることで生じている。また，太陽からの光を観測すると，<u>太陽大気の元素組成</u>を知ることができる。

問1　空欄（　ア　）・（　イ　）に入る適当な語を答えよ。

問2　下線部に関連して，太陽大気に含まれる元素を原子の数の割合で比較したとき，最も多い元素名と，2番目に多い元素名をそれぞれ答えよ。

(20　長崎大　改)

知識

130. 恒星の明るさ ●次の文章を読み，下の各問いに答えよ。

　銀河系の構造を最初に求めたのは英国の天文学者ハーシェルである。当時は恒星の距離を求めることができなかったので，彼は，恒星の本当の明るさは等しく，暗い恒星ほど遠くにあると仮定して，空の各方向に見える恒星の数と<u>明るさ</u>を観測した。この結果をもとに銀河系の中心近くに太陽系が位置していると考えた。

問1　恒星の明るさを表すのに等級という概念がある。下線部について，ハーシェルが恒星の明るさを観測したときの等級の概念に近いのはどれか。最も適するものを，下の①～④から1つ選べ。

　①　見かけの等級という地球から恒星を見たときの明るさ

　②　見かけの等級という恒星から太陽を見たときの明るさ

　③　見かけの等級という太陽から恒星を見たときの明るさ

　④　見かけの等級という恒星から地球を見たときの明るさ

問2　恒星の明るさは，1等級異なるとおよそ何倍異なるか。最も適するものを，下の①～④から1つ選べ。

　①　1.5倍　　　②　2.5倍　　　③　3.5倍　　　④　4.5倍

問3　恒星の見かけの等級が5等級小さくなると，恒星の見かけの明るさはどのように変化するか。最も適するものを，下の①～④から1つ選べ。

　①　5.0倍になる　　②　$\dfrac{1}{5}$ 倍になる　　③　$\dfrac{1}{100}$ 倍になる　　④　100倍になる

問4　地球から見て，太陽を除いて最も明るい恒星とその星座名として正しい組合せを，下の①～④から1つ選べ。

	①	②	③	④
恒星名	ポラリス（北極星）	シリウス	シリウス	ポラリス（北極星）
星座名	おおいぬ座	こぐま座	おおいぬ座	こぐま座

(14　秋田大　改)

発展問題

知識
131. 宇宙の始まり 次の文章を読み，下の各問いに答えよ。

　宇宙はビッグバンから始まったとされる考えは，一般的に受け入れられている。ビッグバンから時間が経つにつれて，宇宙の温度が下がり，陽子や中性子が誕生した。さらに温度が下がると，ヘリウムの原子核ができた。その後，温度が3000Kほどに下がった頃，(a)水素原子やヘリウム原子ができ，宇宙に多数存在した電子がなくなり，(b)光が直進できるようになった。

問1　下線部(a)について，水素原子とヘリウム原子の構造を模式的に表したものが，右図である。図中に示したA～Cの粒子の名称を，次の①～④のうちからそれぞれ1つ選べ。

　　① 電子　　② 中性子　　③ 核子　　④ 陽子

問2　下線部(b)について，光が直進できるようになったのはいつか。次の①～④のうちから1つ選べ。

　　① 3分後　　② 38万年後　　③ 1～3億年後　　④ 138億年後

問3　1光年は，光が1年かかって進む距離である。1光年が何kmになるか計算せよ。ただし，光の速度は30万km/s，1年は365日とし，有効数字3桁で答えよ。

思考 論述
132. 銀河系と星団 次の文章を読み，以下の各問いに答えよ。

　太陽系の近くにある恒星の周りを回る惑星から，アルファ号とベータ号の2つの宇宙船が，銀河系の探査のため，数万光年の距離の航行に出発した。アルファ号は銀河系の円盤に垂直に円盤から離れる方向に進み，ベータ号は円盤の中を銀河系の中心方向に向かった。アルファ号は，恒星の集団である(a)球状星団の近くを通過した。一方，ベータ号が進む方向は，(b)可視光線では見通しが悪かった。

問1　下線部(a)について，球状星団の画像を表すものとして最も適当なものを，次の①～④の中から1つ選べ。

① 　② 　③ 　④

問2　下線部(a)について，球状星団の性質を表す文として最も適当なものを，次の①～④の中から1つ選べ。

　　① 非常に古い恒星の集団　　② さまざまな年齢の恒星が含まれる恒星の集団

　　③ 非常に若い恒星の集団　　④ これから恒星になろうとする原始星の集団

問3　下線部(b)について，ベータ号が向かった方向で見通しが悪かったのはなぜか，20字程度で説明せよ。

(14　愛知教育大，20　センター試験追試　改)

思考

133. 銀河系の構造

図は，銀河系の構造を模式的に示したものである。次の文章を読み，図を参考にして以下の各問いに答えよ。

銀河系のおよそ1000億個の（　ア　）は，主に直径2万光年の球状の（　イ　）と直径約10万光年の円盤部に分布している。また，およそ200個の（　ウ　）星団は，銀河系全体を取り囲む直径約15万光年の球状の領域である（　エ　）に分布している。

太陽系は，銀河系の中心から約2.8万光年に位置し，速さ約220km/sで公転している。このことから，銀河系の中心の周りを一周するのに約（　オ　）億年かかることがわかる。

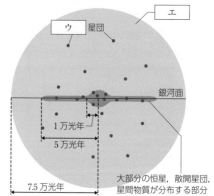

問1　文章中，図中の空欄（　ア　）～（　エ　）に入る最も適当な語を答えよ。

問2　太陽系が銀河系の中心を中心とする円周上を，一定の速さで運動していると仮定して，（　オ　）を有効数字2桁で求めよ。ただし，1光年＝9.5×10^{12}km，1年＝3.2×10^{7}s，$\pi = 3.14$とし，途中の計算式も答えよ。

問3　太陽系の年齢を46億歳とし，太陽系が誕生してから現在までに銀河系の中心の周りを約何周したかを有効数字2桁で求めよ。ただし，太陽系の誕生以来，太陽系の軌道は変化しなかったと仮定する。途中の計算式も答えよ。

（09　広島大，22　熊本大　改）

知識

134. 太陽の誕生

次の文章を読み，以下の各問いに答えよ。

太陽系は今から約46億年前，星間物質が周囲よりも濃い星間雲で生まれた。星間雲の中の特に密度の高い部分が，自らの重力によって収縮し，内部の温度が高くなることで，原始星として輝き始める。原始星はさらに収縮を続け，(a)星間物質のほとんどは中心部に集まって，その中心温度が約1400万Kを超えると(b)現在のような太陽となり，(c)収縮が止まる。

問1　下線部(a)に関連して，星間物質に含まれる元素の量を質量比で表したときに，それが最大となる元素名を答えよ。

問2　下線部(b)に関連して，現在の太陽のように安定して輝くようになる段階に到達した恒星を何というか。

問3　下線部(c)の理由として最も適当なものを，次の①～④のうちから1つ選べ。

①　水素の核融合による膨張する力と，重力による収縮する力がつりあうから

②　遠心力による膨張する力と，重力による収縮する力がつりあうから

③　宇宙空間へと引っ張られる力と，重力による収縮する力がつりあうから

④　密度が高く，これ以上は収縮できないため

（17　長崎大，19　愛知教育大　改）

知識

135. 太陽のエネルギー源 次の文章を読み，以下の各問いに答えよ。

太陽の中心部は高温・高圧の状態であり，（　ア　）個の水素原子核から1個の（　イ　）原子核が生じる反応が起きている。その際，質量が失われ，大量のエネルギーが発生する。

中心部で発生したエネルギーは外向きに輸送される。太陽表面に到達したエネルギーのほとんどは，（　ウ　）から太陽光として宇宙空間に出ていく。

問1　文章中の空欄（　ア　）～（　ウ　）に入る適当な語や数値を答えよ。

問2　太陽の中心部および太陽表面の温度として最も適当なものを，次の①～⑥からそれぞれ1つずつ選べ。

① 3000 K　　② 6000 K　　③ 12000 K

④ 100万 K　　⑤ 1600万 K　　⑥ 1億 K

問3　太陽表面から1秒間に放出されるエネルギーは約 3.9×10^{26} J であり，太陽中心部の質量1 kgの原子核の反応によって生じるエネルギーは 6.3×10^{14} J である。太陽の質量 2.0×10^{30} kg の10%のみがこの反応を起こす場合，太陽が主系列星として輝けるのは残り何年か求めよ。ただし，太陽は現在まで主系列星として46億年輝いたとして，1年を 3.2×10^7 秒とする。

（15　福岡大　改）

思考

136. 太陽の観察 次の文章を読み，以下の各問いに答えよ。

さまざまな観察によって太陽を多角的に調べることができる。図1の左図は，ある日の太陽表面のスケッチであり，右図は同様に6日後の同時刻に得たスケッチである。図は10°おきに経線と緯線が記してある。このスケッチから低緯度では見かけの自転周期は（　ア　）日であり，これは高緯度の自転周期よりも（　イ　）ことがわかる。

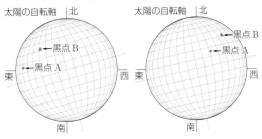

図1　太陽黒点のスケッチ
各図の東西南北は，天球面上における方向を示す。

問1　文章中の空欄（　ア　）・（　イ　）に入れる数値と語の組合せとして最も適当なものを，次の①～⑥のうちから1つ選べ。

	①	②	③	④	⑤	⑥
ア	8	8	14	14	27	27
イ	短い	長い	短い	長い	短い	長い

問2　図1のスケッチで描かれた黒点Aは，緯度方向に約2°の広がりをもっている。このことから，黒点Aは地球の直径のおよそ何倍であるか。太陽の直径は，地球の直径の約100倍であることを考えて，最も適当なものを，次の①～⑤のうちから1つ選べ。

① $\dfrac{1}{200}$　　② $\dfrac{1}{20}$　　③ 2　　④ 20　　⑤ 200

（15　センター試験本試　改）

チャレンジ問題 8 「地学」に挑戦 challenge

▶▶ハッブルの発見

　アメリカの**ハッブル**は多数の銀河の観測から，遠方の銀河ほど遠ざかる速度が速いことを発見した。ベルギーのルメートルも同じような考えを示していたことから，これを**ハッブル＝ルメートルの法則**といい，以下の式で表される。

$$v = H \cdot d$$

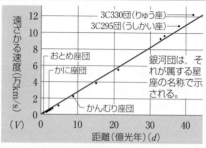

v：銀河の遠ざかる速度（後退速度）[km/s]　　d：銀河までの距離[光年]　　H：ハッブル定数

▶▶宇宙マイクロ波背景放射

　1965年，アメリカのペンジアスとウィルソンが，宇宙のどの方向からもやってくる短波長の電波（マイクロ波）を，ビッグバンの証拠となる最初の光であることを確かめた。これを**宇宙マイクロ波背景放射**といい，その温度は，およそ３K（2.725K）であることから，**３K宇宙背景放射**とも呼ばれる。

知識

宇宙の膨張◆次の文章を読み，下の問いに答えよ。

　宇宙の膨張はほぼ一様で，宇宙には特別な点や中心はない。そのため，遠方の銀河までの距離とその遠ざかる速度（後退速度）は比例関係にある。したがって，天球上のほぼ同じ方向にある２つの銀河ＡとＢの後退速度がそれぞれ 4000 km/s と 6000 km/s であった場合，銀河Ｂにいる観測者が銀河Ａを観測すると速度（　ア　）km/s で（　イ　）ように見える。また，天球上で 60° 離れた２つの銀河ＣとＤがあり，その後退速度が 2000 km/s と 4000 km/s であった場合，ＣとＤの距離は約（　ウ　）億光年である。

問1　空欄（　ア　）・（　イ　）に入れる数値と語の組合せとして最も適当なものを，次の①～④のうちから１つ選べ。

　　①　ア：2000　　　　イ：近づく　　　　②　ア：2000　　　　イ：遠ざかる

　　③　ア：10000　　　イ：近づく　　　　④　ア：10000　　　イ：遠ざかる

問2　空欄（　ウ　）に入れる数値として最も適当なものを，次の①～④のうちから１つ選べ。ただし，1億光年の距離にある銀河は，約 2000 km/s で遠ざかっているものとする。

　　①　1.0　　　　②　1.4　　　　③　1.7　　　　④　2.0

問3　ビッグバンの観測的証拠として正しいものを，次の①～④のうちから１つ選べ。

　　①　近くの銀河の方が，遠くの銀河より遠ざかる速度が大きい。

　　②　宇宙のあらゆる方向からやってくるマイクロ波が観測される。

　　③　宇宙が膨張しているのを発見したのはアインシュタインである。

　　④　遠い銀河のスペクトルを観測したことからケプラーの法則が発見された。

（07　センター試験本試　改）

チャレンジ問題 9 「地学」に挑戦

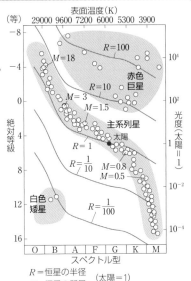

▶▶絶対等級とスペクトル型

❶絶対等級　星の本来の明るさを比較するため，星を同じ距離(10パーセク=32.6光年)においたと仮定したときの等級を絶対等級という。

❷スペクトル型と表面温度　光が波長ごとに分解されたものをスペクトルという。恒星のスペクトルは，表面温度の違いによって吸収線の現れ方が変化する。その特徴をもとに**表面温度の高いものから O，B，A，F，G，K，M の型**に分類され，各型は 0～9 まで細分される。太陽は G2 型に分類される。

▶▶HR図(ヘルツシュプルング・ラッセル図)

横軸に恒星の表面温度，縦軸に恒星の明るさをとったグラフを HR 図といい，**主系列星は左上から右下の帯状に，赤色巨星は右上に，白色矮星は中央下～左に分布する。**横軸にはスペクトル型や色，縦軸には絶対等級をとることもできる。

❶赤色巨星　主系列星は中心部の水素が消費しつくされると，核融合が起こらなくなる。中心部はヘリウムだけとなり，重力によって収縮し，中心部を囲む狭い領域で水素が核融合を起こすようになる。その結果，外層は急激に膨張し，表面温度が低下したものを赤色巨星という。

❷白色矮星　質量が太陽の 0.5～7 倍程度の恒星は，赤色巨星になった後に，外層は宇宙空間に放出され惑星状星雲となり，質量は減少して収縮する。最終的には，地球程度の半径の極めて小さく，密度の高い白色矮星となる。

第4章　宇宙と地球

[知識]
HR図◆図は，縦軸に絶対等級，横軸にスペクトル型をとってグラフにしたものである。次の各問いに答えよ。

問1　次の(1)～(3)にあてはまるものを図中の⑦～⑰から 1 つずつ選べ。
　(1)　半径が最も大きい星
　(2)　現在の太陽と思われる星
　(3)　白色矮星と思われる星

問2　⑰を除く⑦～⑰の星が，太陽と同程度の質量をもつ恒星であるとして，⑰を出発点にしてその星の一生がたどる順に並べよ。

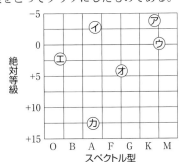

7. 宇宙と太陽の誕生　**107**

8 | 太陽系と地球の誕生

■1 太陽系の構造

❶太陽系を構成する天体　太陽系は，銀河系の中に存在し，恒星である太陽，8個の惑星，小惑星，太陽系外縁天体，彗星，衛星などから構成されている。太陽系の質量の99.86%が太陽に集中しており，各天体は楕円軌道を描いている。

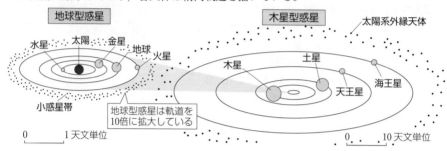

	水星	金星	地球	火星	木星	土星	天王星	海王星
赤道半径（km）	2440	6052	6378	3396	71492	60268	25559	24764
太陽からの平均距離	0.39	0.72	1.00	1.52	5.20	9.55	19.22	30.11

※太陽からの平均距離は天文単位で示している。1天文単位は太陽と地球の平均距離を表し，約 **1億5000万 km** である。

■2 太陽系の誕生

❶原始太陽と原始太陽系円盤の形成　約46億年前に，星間雲が地球の北極側から見ると反時計回りに回転しながら収縮し，中心部に原始太陽が誕生した。周りには原始太陽系円盤が形成された。

❷微惑星の形成　原始太陽系円盤中のガスや塵が吸着と合体をくり返し，直径10km 程度の微惑星が無数に誕生した。

❸原始惑星の誕生　微惑星どうしが衝突や合体をくり返し，直径1000km 程度の原始惑星に成長した。

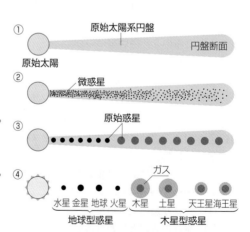

❹惑星の誕生　内側の原始惑星は比較的小さくガスを集めることができず，地球型惑星になった。その外側の質量の大きい原始惑星は，ガスを多量に集め，木星型惑星になった。太陽系の惑星の公転面がほぼ同じ平面になっているのは，原始太陽系円盤から惑星が誕生したからと考えられている。

3 太陽系の惑星

太陽系の惑星のうち，太陽に近いところを公転する水星，金星，地球，火星の4つを地球型惑星という。表面の地殻とその下のマントルは岩石でできており，中心部には，金属でできた核がある。質量は小さいが，密度が大きい。

太陽から遠いところを公転する木星，土星，天王星，海王星の4つを木星型惑星[*]という。表面は，水素やヘリウムの厚い気体で覆われ，密度が小さい。質量が大きいため，多数の衛星や環（リング）をもつ。

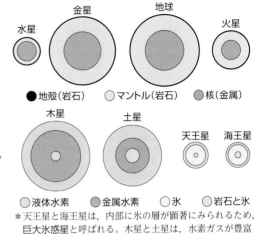

* 天王星と海王星は，内部に氷の層が顕著にみられるため，巨大氷惑星と呼ばれる。木星と土星は，水素ガスが豊富であるため，巨大ガス惑星と呼ばれる。

❶地球型惑星

(a)**水星**　太陽に一番近く，太陽系の中で最も半径が小さい惑星である。昼夜の時間が長く，大気もほぼないため，昼夜の温度差は600℃以上にもなっている。表面にはクレーターが多数ある。

(b)**金星**　半径，質量，平均密度，鉱物組成などは地球に似ている。二酸化炭素の厚い大気のため，温室効果によって，地表付近は450℃を超える高温になっている。「明けの明星」「宵の明星」として観測される。自転の向きが地球の北極側から見て時計回りである。

(c)**地球**　地球は平均気温が約15℃で，液体の水が存在する唯一の惑星である。地震や火山，侵食や風化などで，絶えず表面のようすが変わる惑星である。太陽系の惑星の中で密度が一番大きい。

(d)**火星**　地表は酸化鉄のため赤く見える。大量の水が流れた跡や，高さ25kmもある火山地形も見つかっている。自転軸の傾きが地球と同程度であり，季節変化がある。極地方には，表面がドライアイス，下層が氷からなる極冠があり，季節によって大きさが変化する。

	水星	金星	地球	火星
自転周期	約59日	約243日	約23時間56分	約24時間37分
公転周期	約88日	約225日	約365日	約687日
密度(g/cm^3)	5.43	5.24	5.52	3.93
表面温度(℃)	−170〜430	450	15	−120〜30
大気圧(気圧)	ほぼ0	約90	1	約0.006$\left(約\dfrac{1}{160}\right)$
大気の主な組成	・・・・・・	二酸化炭素	窒素・酸素	二酸化炭素
衛星(個)	0	0	1	2

❷木星型惑星

(a)**木星**　太陽系の惑星の中で半径が**一番大きい**。アンモニアの雲による縞模様が発達し，南半球には大赤斑と呼ばれる300年以上も続く巨大な渦がある。細い環をもつことがわかっている。

(b)**土星**　平均密度が水よりも小さく，太陽系の惑星の中で最小である。木星と同様の縞模様がみられる。小さな氷や岩石でできた環（リング）をもつ。

(c)**天王星**　大気中のメタンが赤色光を吸収するため，青っぽく見える。**自転軸が公転面に対して横倒しになっている**。細い環をもつ。

(d)**海王星**　天王星と同様に大気中のメタンの影響で青っぽく見える。細い環をもつ。

	木星	土星	天王星	海王星
自転周期	約10時間	約10.7時間	約17.2時間	約16.1時間
公転周期	約11.9年	約29.5年	約84年	約164.8年
密度(g/cm^3)	1.33	0.69	1.27	1.64
表面温度(℃)	−150	−190	−210	−220
大気の主な組成	水素・ヘリウム			
衛星(個)	90個以上	140個以上	27個以上	14個以上

4 太陽系の小天体

❶**衛星**　惑星の周りを公転する小天体で，母天体である惑星が形成されるときに誕生したものと，惑星の形成後に重力によって捕獲されたものとがある。

(a)**地球型惑星**　地球型惑星は衛星の数が少なく，地球に1個（月）と火星に2個（フォボス，ダイモス）のみ発見されている。

■**月**　地球から約38万km離れたところにある地球の衛星で，半径が地球の大きさの約$\frac{1}{4}$もある。月の成因は，原始地球に，原始惑星が衝突してできたとする**ジャイアント・インパクト説**が有力とされている。

(b)**木星型惑星**　木星型惑星は多くの衛星をもち，木星や土星では70個以上の衛星が発見されている。木星の衛星エウロパや土星の衛星エンケラドスには，表面の氷の下に海が存在すると考えられている。木星の衛星イオには活火山が存在する。

❷**小惑星**　大部分が火星と木星の間にある小天体で，直径10km以下のものがほとんどである。太陽系が形成されたころの微惑星や原始惑星がもとになっていると考えられている。

　小惑星のかけらなど微小な天体が地球大気に突入し，地上に落下したものを隕石といい，岩石や鉄からできている。大きな隕石が落下するとクレーターを形成する。

❸**太陽系外縁天体**　海王星の軌道よりも外側を公転する天体で，直径100kmを超えるものが，数千個見つかっている。特に，大きくて球形をしたものを冥王星型天体といい，冥王星やエリスなどがある。

冥王星

❹**彗星**　太陽の周囲を楕円軌道で公転する，直径数 km の塵や岩
石を含む氷のかたまりである。太陽に近づくと，表面からガス
を噴出し，太陽と反対方向に尾を引くようになる。太陽系が形
成された頃の，主に氷からなる微惑星がもとになっていると考
えられる。

❺**流星**　砂粒程度の微粒子が大気圏内で発光する現象である。彗
星が軌道上に残した塵は，毎年決まった時期に多数の流星とし
て観測され，流星群と呼ばれる。

ヘール・ボップ彗星

❻**エッジワース・カイパーベルトとオールトの雲**

太陽系外縁天体が分布する円盤状の領域を，
エッジワース・カイパーベルトと呼ぶ。さらに，
海王星軌道の1000倍以上の広大な領域にも，周
期の長い彗星のもととなる天体が球状に分布し
ていると考えられている。この領域をオールト
の雲と呼ぶ。

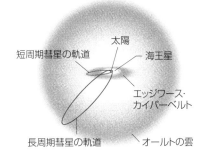

5 生命の惑星・地球

❶**地球に生命が存在する条件**　宇宙空間で生命が存在するのに適した領域を，ハビタブル
ゾーンという。地球の場合は，次の2つが大きな要因である。
①太陽との距離が適当であり，液体の水が存在するのに適した表面温度になっている。
②大気や水を表面にとどめておくのに十分な重力を生じさせる質量をもっている。

❷**原始地球の進化**

(a)**マグマオーシャンの形成**　地球が誕生した頃の原始大気は，微惑星に含まれていた水
蒸気や二酸化炭素がほとんどであった。大気の温室効果のため，微惑星の衝突による
熱が宇宙空間へ逃げ出せずに高温になったことや，原始惑星どうしによる巨大衝突の
衝撃によって，地表面にマグマオーシャンが形成された。

(b)**地球の層構造の形成**　マグマオーシャンの中で，重い鉄は沈んでいき，中心部に核を
形成し，その周囲に岩石質のマントルを形成した。微惑星の衝突が少なくなってくる
と，温度が低下し，マグマオーシャンの表面は冷えて固まり，地殻を形成した。約40億
年前に大気中の水蒸気は雲となったのち，雨となって降り注ぎ，原始海洋を形成した。

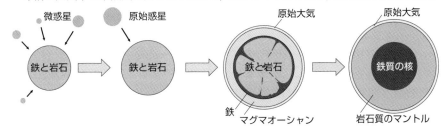

1 次の文章中の（　　）の中に適する語句を答えよ。

　　太陽系には，水星から海王星までの8つの（　1　）とその周りを回る（　2　），主に火星と木星の間を公転する（　3　），海王星の外側の領域にある小天体群である（　4　），細長い楕円軌道で公転し，太陽に近づくと尾を引く（　5　）などが存在する。

2 次の(1)～(5)の説明文を，太陽系が形成された順に並べよ。

(1)　原始太陽の周りに直径10 kmほどの微惑星が形成した。

(2)　惑星がほぼ現在の形となり，太陽では核融合が始まった。

(3)　原始太陽の周囲に原始太陽系円盤が形成された。

(4)　微惑星どうしが衝突・合体をくり返し，原始惑星を形成した。

(5)　星間雲が回転しながら収縮して，原始太陽が誕生した。

3 次の(1)～(6)の説明文は，太陽系の惑星の特徴を表している。それぞれ惑星名を答えよ。

(1)　最も大きく，大赤斑と呼ばれる模様がある。

(2)　地球とほぼ同じ大きさで，表面温度は約450℃に達する。

(3)　青緑色に見え，自転軸が公転面に対して横倒しになっている。

(4)　最も小さく，表面には多数のクレーターがある。

(5)　地表には水の流れたような跡があり，両極にはドライアイスがみられる。

(6)　最も密度が小さく，本体の半径の2倍以上もある環がある。

4 次の文章中の（　　）の中に適する語句を答えよ。

　　地球に大量の液体の水や生命が存在していることは，太陽からの（　1　）が適当であったこと，地球の質量が（　2　）や水を引きとめておくのに十分であったことがあげられる。惑星のうち，（　3　）は地球とほぼ同じ大きさであるが，地球よりも太陽に近いために，また（　4　）は，地球よりも太陽から遠いうえ，質量も小さく，生じる重力が小さいため，それぞれ現在の地球とは大きく異なる環境になってしまっている。

5 次の(1)～(5)の説明文を，地球が形成された順に並べよ。

(1)　原始大気による温室効果や巨大衝突によって，マグマオーシャンが形成された。

(2)　微惑星に含まれていた気体が，原始大気を形成した。

(3)　微惑星の衝突が少なくなると温度が低下し，雨が降り，原始海洋が形成された。

(4)　中心部に鉄質の核ができ，その外側に岩石質のマントルができた。

(5)　微惑星が衝突・合体をくり返し，原始惑星が形成された。

解答

1 (1)惑星　(2)衛星　(3)小惑星　(4)太陽系外縁天体　(5)彗星　　**2** (5)→(3)→(1)→(4)→(2)

3 (1)木星　(2)金星　(3)天王星　(4)水星　(5)火星　(6)土星

4 (1)距離　(2)大気　(3)金星　(4)火星　　**5** (5)→(2)→(1)→(4)→(3)

137. 太陽系◆太陽系の天体について述べた文として誤っているものを，次の①～④のうちから１つ選べ。

① 太陽は，太陽系の質量の約99％以上を担っている。

② 太陽系の小惑星の大部分は，海王星の外側に存在する。

③ 太陽系のすべての惑星は，太陽の周りを同じ方向に公転している。

④ 太陽系には数多くの衛星が存在するが，衛星をもたない惑星もある。

138. 惑星の内部構造◆地球，木星，天王星の内部構造の模式図として最も適当なものを，次の①～③からそれぞれ１つずつ選べ。ただし，惑星の大きさを同じにするために，それぞれの縮尺を変えている。

①
水素・ヘリウム（気体〜液体）
氷
岩石と氷

②
水素・ヘリウム（気体〜液体）
金属水素
岩石と氷

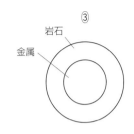
③
岩石
金属

(20 鹿児島大 改)

139. 太陽系の惑星◆次の(1)～(6)の文は，太陽系の３つの惑星について述べたものである。それぞれの惑星の特徴を**２つ**ずつ選び，その惑星名も答えよ。

(1) 望遠鏡を使用すれば，地上からでも観測可能な大きな環が存在する。

(2) かつては水が流れていたと思われる地形や火山活動の形跡もみられる。

(3) 大赤斑と呼ばれる模様がみられる。

(4) 二酸化炭素を主成分とする大気があるが，大気圧は地球の約0.6％しかない。

(5) 太陽に近い内側から数えると６番目の惑星である。

(6) 火山活動が確認された衛星のイオが公転している。

140. 地球の形成◆地球の形成について述べた文として誤っているものを，次の①～④のうちから１つ選べ。

① 原始太陽系円盤が回転する中で，地球をはじめとする惑星がつくられた。

② 地球形成のもととなった微惑星は，現存する小惑星のようなものだった。

③ 地球の原始大気の主成分は，窒素と酸素であった。

④ 誕生間もない地球の表面は，ドロドロに溶けた溶岩で覆われていた。

例題25　地球型惑星と木星型惑星 知識

➡問題142, 147, 148

　太陽系は約（　1　）年前に，星間物質の中から密度の高い部分ができ，やがてそれが回転を始めた。その後中心部に原始太陽が誕生し，周りにはガスや塵からなる（　2　）が形成された。（　2　）の中では，ガスや塵が衝突・合体をくり返し，直径10kmほどの（　3　）ができ，さらに直径1000kmほどの（　4　）に成長していった。以下の表は地球型惑星と木星型惑星の特徴を比較したものである。

	地球型惑星	木星型惑星
大きさ（赤道半径）	(5)　大きい・小さい	(10)　大きい・小さい
平均密度（g/cm³）	(6)　大きい・小さい	(11)　大きい・小さい
表層部の状態	(7)　気体・固体	(12)　気体・固体
衛星数	(8)　多い・少ない（なし）	(13)　多い・少ない（なし）
環	(9)　ある・ない	(14)　ある・ない

問　空欄（　1　）～（　4　）に入る適切な語や数値を答えよ。また，表の(5)～(14)について正しい語を選べ。

■ 考え方　星間物質の中から約46億年前に原始太陽系円盤が形成され，ガスや塵が徐々に集まって，微惑星や原始惑星に成長していった。内側は，太陽から放出された物質の影響で，半径は小さいが密度の大きい惑星（地球型）に，外側は，半径は大きいが密度の小さい惑星（木星型）になった。

■ 解答　問　(1) 46億　(2) 原始太陽系円盤　(3) 微惑星　(4) 原始惑星　(5) 小さい
(6) 大きい　(7) 固体　(8) 少ない（なし）　(9) ない　(10) 大きい　(11) 小さい
(12) 気体　(13) 多い　(14) ある

例題26　太陽系の惑星 知識

➡問題144, 148, 149

　図①～④は，地球の値を1として，太陽系の惑星の平均密度，赤道半径，自転周期，公転周期のいずれかを表したグラフである。平均密度と赤道半径を表すグラフとして最も適当なものを，それぞれ1つずつ選べ。

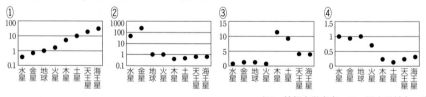

（20　首都大学東京，20　岡山理科大　改）

■ 考え方　平均密度は，木星型惑星よりも地球型惑星の方が大きく，その中でも地球が最大（土星が最小）であるため，④が平均密度を表しているとわかる。また，赤道半径は，地球型惑星よりも木星型惑星の方が大きく，その中でも木星が最大であるため，③が赤道半径を表すグラフとわかる。なお，①は公転周期，②は自転周期を表している。

■ 解答　平均密度　④　　赤道半径　③

141. [知識] **太陽系の構造**●太陽系の構造について，以下の各問いに答えよ。

(1) 太陽（▽）と惑星（▼）の位置関係を表した図として最も適当なものを，右の①〜④のうちから1つ選べ。

① 太陽 地球 海王星 太陽からの距離（天文単位）0 1 2 3 4

② 太陽 地球 海王星 太陽からの距離（天文単位）0 1 2 3 4

③ 太陽 地球 海王星 太陽からの距離（天文単位）0 5 10 15 20 25 30

④ 太陽 地球 海王星 太陽からの距離（天文単位）0 50 100 150 200 250 300

(2) 太陽系の天体は，各惑星の間や海王星よりも外側にも存在する。小惑星と太陽系外縁天体の位置する場所として最も適当なものを，次の①〜⑤のうちからそれぞれ1つずつ選べ。

① 太陽と水星の間　　② 火星と木星の間　　③ 土星と天王星の間
④ エッジワース・カイパーベルト　　⑤ ハビタブルゾーン

(18　高卒認定試験　改)

142. [知識] **太陽系の誕生**●次の文章を読み，以下の各問いに答えよ。

太陽系は，今から約（　ア　）年前，（　イ　）の密度の高い部分が自らの重力によって収縮することで誕生した。中心部に集まった星間物質は（　ウ　）になり，残りの星間物質は回転運動によって，（　ウ　）の周りを回る（　エ　）を形成した。その後，（　エ　）に含まれていた固体微粒子が（　エ　）の中心面（赤道面）に集まり，それが集積して直径10km程度の（　オ　）が多数形成された。（　オ　）は衝突・合体をくり返して成長し，直径1000km程度の（　カ　）に成長したと考えられている。太陽系には，（　A　）型惑星と（　B　）型惑星が存在しており，（　A　）型惑星は，岩石や金属を主成分とする（　カ　）が衝突・合体して形成されたため，密度が大きい。一方，（　B　）型惑星は，比較的質量が大きな（　カ　）の強い重力によって（　エ　）のガスがとらえられて形成されたため，（　A　）型惑星よりも赤道半径は大きいが，密度は小さい。惑星になりきれなかった小天体も，太陽系には数多く存在し，そのうち（　C　）の軌道よりも外側の天体を太陽系外縁天体と呼ぶ。

問1　文章中の空欄（　ア　）〜（　カ　）に入る適切な語を答えよ。
問2　文章中の空欄（　A　）〜（　C　）には惑星名が入る。次の(1)〜(4)にあてはまる惑星を，A〜Cのうちからそれぞれ1つ選べ。
　(1) 半径最大　　(2) 密度最大　　(3) 衛星数最少　　(4) 公転周期最長
問3　文章中の下線部のような（　A　）と（　B　）の惑星の違いが生じた，主な要因として最も適当なものを，次の①〜④のうちから1つ選べ。
　① 公転半径の違い　　② 自転軸の傾きの違い
　③ 公転方向の違い　　④ 自転速度の違い　　(11　奈良教育大，17　長崎大　改)

143. 惑星の大気 ● 下の図は惑星の大気組成（%）を示したものである。各問いに答えよ。

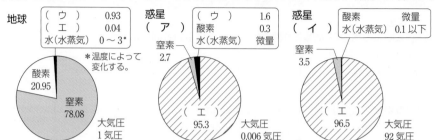

問1　図中の（　ア　）と（　イ　）に該当する惑星名を答えよ。

問2　図中の（　ウ　）と（　エ　）に該当する気体名を答えよ。

問3　（　ア　）表面の大気は希薄で，その大気圧は地球のおよそ0.6%である。その理由として最も適当なものを，次の①〜④のうちから1つ選べ。

①　衝突した隕石が爆発して，大気が吹き飛ばされた。

②　質量が小さく，重力が弱いので，大気を保持できなかった。

③　太陽から遠いので，大気中の窒素や酸素が氷になった。

④　火山活動が全くなく，火山ガスの放出がなかった。

（08　静岡大，10　高卒認定試験　改）

思考

144. 太陽系の惑星 ● 以下は，太陽系の惑星の中から5つの惑星を取り上げて説明したものである。この文章を読んで，各問いに答えよ。

惑星A：太陽系最大のガス惑星で，この惑星を構成する主要な元素は，多いものから順に（　ア　）と（　イ　）である。この惑星の表面には，<u>発見以来300年以上存続している巨大な渦</u>がある。

惑星B：太陽系で一番小さく，太陽に最も近い惑星である。

惑星C：太陽系で最も密度が小さい惑星である。この惑星最大の特徴は，非常に目立つ環であり，地上から小口径の望遠鏡でも観察することができる。

惑星D：他の惑星とは逆向きに自転している。この惑星は（　ウ　）を主成分とする厚い大気に覆われており，表面温度は，膨大な量の（　ウ　）による（　エ　）のために約450℃に達している。

惑星E：この惑星は，大気に含まれる（　オ　）のために青みがかった色をしている。この惑星の最大の特徴は，自転軸が黄道面にほぼ横倒しになっていることである。

(1)　惑星A〜Eはそれぞれどの惑星を指すか。

(2)　惑星A〜Eの中から，地球型惑星を**すべて**選び，記号で答えよ。

(3)　文章中の（　ア　）〜（　オ　）に入る適切な語句を答えよ。

(4)　惑星Aの文章中の下線部を何と呼ぶか。

(5)　惑星Cの中心核を構成する物質として最も適当なものを，次の①〜④から1つ選べ。

①　岩石　　②　岩石と氷　　③　金属　　④　水素

145. 思考 **太陽系の小天体**●Kさんは，近所に住んでいる星が好きなSさんと天体観測へ行った。そのときの会話文を読み，次の各問いに答えよ。

Kさん：_(a)彗星がきれいに輝いていますね。中心から尾のようなものが伸びています。

Sさん：いいところに気が付きましたね。_(b)彗星の尾は，観察を続けると長さや向きが変化するようすがわかるんですよ。今度は木星を見てみましょう。木星の近くにある小さな天体は見えますか。

Kさん：はい。これらはもしかして，木星の_(c)衛星ですか。

Sさん：そうです。よくわかりましたね。あ，_(d)流星が見えましたよ。

問1　下線部(a)について述べた文として最も適当なものを，次の①～④から1つ選べ。
　　① すべての彗星は太陽に突入して，最後に消滅する。
　　② 彗星は，太陽のような恒星が一生を終えたときに誕生する。
　　③ 彗星は，太陽系の最も外側にあるオールトの雲が起源のものもある。
　　④ 恒星は，彗星がまき散らした塵を集めて誕生する。

問2　下線部(b)の変化を示した模式図として最も適当なものを，次の①～④から1つ選べ。

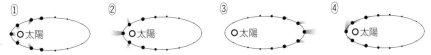

問3　下線部(c)について述べた文として誤っているものを，次の①～④から1つ選べ。
　　① 月の半径は地球の約 $\frac{1}{4}$ である。
　　② 地球型惑星よりも木星型惑星の方が，多くの衛星をもっている。
　　③ 地球の衛星よりも火星の衛星の方が多い。
　　④ 衛星には太陽のように自ら輝くものもある。

問4　下線部(d)について説明した文として最も適当なものを，次の①～④から1つ選べ。
　　① 宇宙を漂う塵が大気圏に突入し，発光する現象である。
　　② 地球付近を高速で移動する恒星の軌跡である。
　　③ 小惑星が太陽の光を反射して，急激に明るく見える現象である。
　　④ 星間ガスが急激に収縮し，核融合が起こり発光する現象である。

(18　高卒認定試験　改)

146. 思考 論述 **地球の形成**●地球の形成に関する次の5つの出来事について，以下の各問いに答えよ。

a　地殻と海洋の形成　　　　b　マグマオーシャンの形成　　　c　原始惑星の衝突
d　微惑星の衝突・合体　　　e　核とマントルの形成

問1　5つの出来事を起こった順に並べよ。

問2　マグマオーシャンが形成された原因は，衝突の熱を原始大気が閉じ込めたことにある。原始大気の主成分を2つ答えよ。

問3　マグマオーシャンの中で，岩石質のマントルではなく，鉄の核が中心部へ沈んだ理由を，15字程度で説明せよ。

知識

147. 太陽系の天体▨太陽系とそれを構成する天体に関する問いに答えよ。

太陽系を構成する天体には，太陽系のほぼ中心に位置する（ ア ）と，その周りを公転する（ イ ），a 小惑星，b 彗星，そして（ イ ）の周囲を公転する（ ウ ）などがある。太陽系に存在する8個の（ イ ）のうち，半径が小さく密度の大きいもののグループを（ エ ）と呼ぶ。これに対し密度は小さいが半径が大きく，その表層が（ オ ）やヘリウムなどのガスによって覆われているもののグループを（ カ ）と呼ぶ。（ カ ）の中でも，（ ア ）から最も遠い場所を公転する（ キ ）の外側には，さらに1000個を超える c 太陽系外縁天体が発見されている。

問1 文章中の空欄（ ア ）〜（ キ ）にあてはまる適切な語句を答えよ。

問2 右図は，太陽系の形成過程を示したものである。図の空欄（サ）〜（ソ）にあてはまる最も適切な語句や数値を，次の①〜⑩から選べ。

① 彗星 ② 塵・固体微粒子
③ 水 ④ 恒星
⑤ 微惑星 ⑥ 火星
⑦ 原始太陽系円盤
⑧ ガス成分 ⑨ 46
⑩ 138

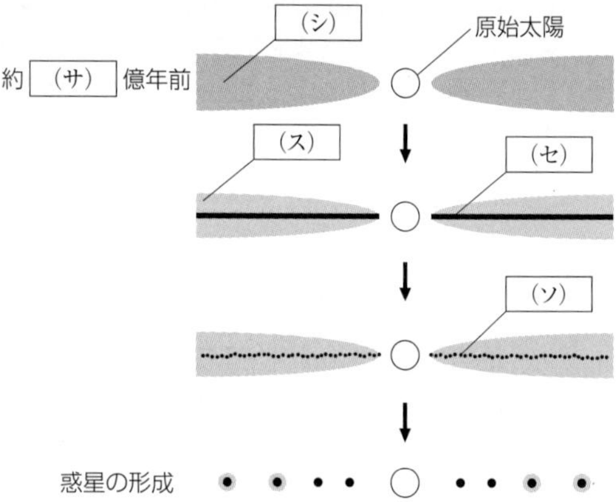

惑星の形成

問3 文章中の下線部aの多くは，2つの惑星軌道の間を公転している。その2つの惑星名を答えよ。

問4 文章中の下線部bについて，次の①〜④のうちから正しいものを1つ選べ。

① 太陽の周囲を楕円軌道で公転し，主に岩石でできた天体である。
② 太陽の周囲を円軌道で公転し，主に氷でできた天体である。
③ 太陽の周囲を楕円軌道で公転し，主に氷でできた天体である。
④ 太陽の周囲を円軌道で公転し，主に岩石でできた天体である。

問5 文章中の下線部cのうち，特に大きく球形の天体を何と呼ぶか答えよ。

問6 月は，惑星の形成とほぼ同時期に形成されたと考えられており，特に，原始地球に火星程度の天体が衝突し生じたという説が有力である。この説を何というか答えよ。

問7 太陽系が誕生した過程を調べる方法として最も適当なものを，次の①〜④のうちから1つ選べ。

① 隕石の構造や組成を調べる。
② オーロラの発生の季節変化を調べる。
③ 地球大気の酸素濃度を調べる。
④ 太陽黒点の数の増減を調べる。

（13 岡山大 改）

思考

148. 太陽系の惑星 図は，太陽系の惑星の特徴を，地球の値を 1 としたときの相対値で表したグラフである。また，表は，太陽系内の惑星の大気に含まれる成分を，多いものから順に示している。

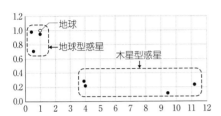

惑星名	1位	2位	3位
金星	ア	イ	二酸化硫黄 *
地球	イ	酸素	水蒸気 *
火星	ア	イ	アルゴン
木星	ウ	エ	メタン
土星	ウ	エ	メタン

＊変動が大きく順位が変わることもある。

(1) グラフの横軸と縦軸として最も適当なものを，次の①～④のうちからそれぞれ選べ。
　　① 赤道半径　　　② 平均密度　　　③ 自転周期　　　④ 公転周期

(2) 表のア～エに入る気体名を答えよ。

(3) 地球型惑星と木星型惑星に関する記述として誤っているものを，次の①～④のうちから 1 つ選べ。
　　① 地球型惑星の中心部には，鉄でできた核が存在する。
　　② 天王星と海王星の内部には氷の層が顕著にみられ，巨大氷惑星と呼ばれる。
　　③ 地球型惑星の方が木星型惑星よりも衛星の数は少ないが，どの惑星も 1 つは衛星をもつ。
　　④ 木星型惑星はすべて環をもつ。　　　　　　　　　　　　　（18 筑波大，20 センター試験本試　改）

思考 **論述**

149. 太陽系の惑星 以下は，地球を除く 7 つの惑星 O ～惑星 U を直径の小さい順に並べ，その外観を記述したものである。次の各問いに答えよ。

惑星 O：表面は（　ア　）という地形に覆われていて，最大のものは直径 1300 km に及ぶ。

惑星 P：半径は地球のおよそ半分で，赤く見える。季節によって大きさが変化する白い（　イ　）がみられる。

惑星 Q：大きさが地球に最も近い。(a)表面温度は約450℃である。

惑星 R：地球の約 4 倍程度の大きさである。大気中の（　ウ　）の影響で青く見える。

惑星 S：自転軸が公転面に垂直な方向から 98°傾いている。

惑星 T：縞模様がみられる。明るく幅の広い(b)リングをもっている。

惑星 U：太陽系最大の惑星である。アンモニアの雲による縞模様が発達し，南半球には（　エ　）と呼ばれる300年以上も続く巨大な渦がみられる。

問 1　惑星 O ～惑星 U を，太陽から近い順に並べよ。

問 2　文章中の空欄（　ア　）～（　エ　）に入る適切な語を答えよ。

問 3　下線部(a)のように，惑星 Q の表面温度が非常に高温になっている理由を20字程度で説明せよ。

問 4　下線部(b)を構成する主な物質として適当なものを，次の①～④のうちから 2 つ選べ。
　　① 岩石　　　② 鉄　　　③ 氷　　　④ ガス　　　　　　　　（18 福岡大　改）

思考 論述

150. ハビタブルゾーン ■惑星表面で水が液体として存在できる温度になる範囲は，中心の恒星（主星）の表面温度と（　ア　）によって決まる。この範囲をハビタブルゾーンという（下図灰色の領域）。地球から約500光年離れたケプラー186と命名された恒星には，5つの惑星ケプラー186b，c，d，e，f が発見された。そのうちの1つであるケプラー186f は，ハビタブルゾーンにあり，生命の存在が期待されている。次の各問いに答えよ。

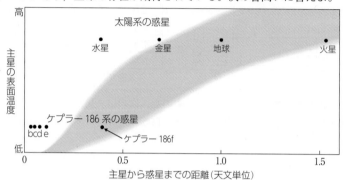

問1　文章中の下線部について，太陽系の惑星と液体の水に関する文として最も適当なものを，次の①〜④のうちから1つ選べ。

①　金星の表面温度は約450℃になるので，水はすべて蒸発して水蒸気となり，大気の主成分として存在している。

②　地球では，大気中にあった水蒸気が凝結して大量の雨が降ったことによって，その表面に原始の海が形成された。

③　火星はハビタブルゾーンの境界付近にあるが，過去に液体の水が存在した証拠は見つかっていない。

④　木星は太陽系最大の惑星であり，表面は水の氷からなる厚い層に覆われていて，いく筋もの縞模様やひび割れがみられる。

問2　文章中の（　ア　）に適する語を，次の①〜④のうちから1つ選べ。

①　自転周期　　　②　公転周期　　　③　公転半径　　　④　赤道半径

問3　図から，太陽系とケプラー186系について述べた文として最も適当なものを，次の①〜④のうちから1つ選べ。

①　太陽系のハビタブルゾーンにある惑星は，大気中に酸素が存在する。

②　太陽系のハビタブルゾーンよりも内側にある惑星は，大気が存在しない。

③　ケプラー186系のハビタブルゾーンは，太陽系よりも主星に近い。

④　ケプラー186の方が太陽よりも表面温度が高い。

問4　月は，太陽系のハビタブルゾーン内にあるが，表面に液体の水を維持することができない。ハビタブルゾーン内に位置することに加えて，地球が表面に液体の水を維持できる要因として考えられることを40字以内で説明せよ。

（15　センター試験本試，18　高卒認定試験　改）

チャレンジ問題 🔟 「地学」に挑戦

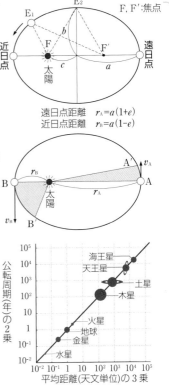

遠日点距離　$r_A = a(1+e)$
近日点距離　$r_B = a(1-e)$

▶▶ケプラーの法則

❶**第1法則（楕円軌道の法則）**　惑星は，太陽を1つの焦点とする楕円軌道を公転する。

惑星軌道の長半径を a，短半径を b とすると，

平均距離 $= \dfrac{近日点距離+遠日点距離}{2} = \dfrac{2a}{2} = a$

離心率（楕円軌道のつぶれ具合）：e

$$e = \frac{c}{a} = \frac{\sqrt{a^2 - b^2}}{a} \quad (\mathrm{FE_1 + F'E_1 = FE_2 + F'E_2 = 2a})$$

❷**第2法則（面積速度一定の法則）**　惑星は，太陽と惑星を結ぶ線分が単位時間に一定面積を描くように公転する。公転速度は，近日点で最大（v_B）となり，遠日点で最小（v_A）となる。

$$v_A r_A = v_B r_B$$

公転速度は，太陽からの距離に反比例する。

❸**第3法則（調和の法則）**　惑星と太陽の平均距離 a の3乗と，公転周期 P の2乗との比は，どの惑星についても一定である。太陽系の惑星の平均距離 a を天文単位，公転周期 P を年の単位で表すと，$\dfrac{a^3}{P^2} = 1$ となる。

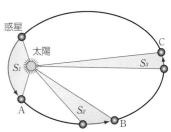

【知識】

ケプラーの法則◆以下の各問いに答えよ。

(1) 惑星は，太陽を1つの（　ア　）とする楕円軌道上を公転する。

(2) 惑星は，太陽と惑星を結ぶ線分が単位時間に一定の（　イ　）を描くように運動する。

(3) 惑星と太陽の平均距離 a の（　ウ　）乗と，公転周期 P の2乗との比は，どの惑星についても一定である。

問1　文中の空欄（　ア　）～（　ウ　）に適切な語，数値を答えよ。

問2　右の図の S_1, S_2 および S_3 は，それぞれ，同じ時間かかって移動した惑星によって塗りつぶされた面積である。これらの関係を式で表せ。

問3　惑星が右の図のA，BおよびC点付近を通るとき，公転速度の速い順に答えよ。

問4　公転速度が最も速くなる惑星軌道上の点を何と呼ぶか。

問5　太陽からの平均距離が9天文単位にある小惑星の公転周期は何年か。

第4章　宇宙と地球

9 地層と化石

1 地表の変化

❶風化　地表の岩石が砕かれ，分解されていく現象を風化という。

物理的風化	昼夜の温度変化によって，鉱物が膨張・収縮し鉱物間の結びつきが弱まる。岩石の割れ目に入った水が凍結膨張する。乾燥した地域や寒冷な地域で生じやすい。 (例)花こう岩の風化→風化を受けにくい石英粒が多く残る砂(マサ土)
化学的風化	造岩鉱物が，水や大気と反応して分解される。湿潤で温暖な地域で生じやすい。 (例)石灰岩の風化→石灰岩をつくる $CaCO_3$ が雨水と反応し溶解(カルスト地形を形成)

❷河川の働き

(a)**河川の三作用**　侵食，運搬，堆積の三作用によって，平野を広げている。

・大雨などに伴う土石流は，短時間で大量の土砂の侵食，運搬，堆積を伴う。

・海水や風，氷河も，侵食，運搬，堆積の三作用を行っている。

(b)**流速と粒径の関係**

礫　粒径の大きなものは，侵食，運搬されにくく，流速が衰えるとすぐに堆積する。

砂　泥や礫よりも小さな流速で侵食を受けやすい。

泥　粒子間の粘着力が強く，侵食されにくい。侵食されると水に浮いて堆積しにくい。

❸河川による地形

(1)急傾斜の山岳部では河川の流速が大きく，河川の下方が侵食され V 字谷を形成する。

(2)山地から緩傾斜の平野に出ると，河川の流速が低下し，礫などを堆積して，扇状地を形成する。

(3)中流域では，河川の側方が侵食され蛇行しながら，氾濫原(はんらんげん)を広げる。また，三日月湖を残すこともある。

(4)大地の隆起や海水面の低下が生じると，河川の傾斜が大きくなり，侵食力が増して，河岸段丘を形成する。

(5)河口付近では，運搬してきた砂や泥を堆積させ，三角州を形成する。

※海岸部では，海水の流れや波の働きによって，様々な地形が形成されている。

❹海底地形と堆積物　河川によって海まで運ばれた砂泥は，大陸棚付近に堆積する。一方，大洋底にはプランクトンの遺骸などが堆積する。

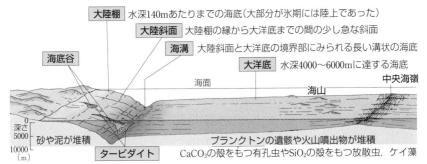

大陸棚	水深140mあたりまでの海底（大部分が氷期には陸上であった）
大陸斜面	大陸棚の縁から大洋底までの間の少し急な斜面
海溝	大陸斜面と大洋底の境界部にみられる長い溝状の海底
大洋底	水深4000～6000mに達する海底

砂や泥が堆積　プランクトンの遺骸や火山噴出物が堆積
CaCO₃の殻をもつ有孔虫やSiO₂の殻をもつ放散虫，ケイ藻

大陸棚の堆積物は，地震動などによって混濁流（乱泥流）となって大陸斜面を流れ下る。こうして形成された堆積物を**タービダイト**という。

2 地層の形成

❶**地層**　堆積物は水平方向に広がって積み重なり，地層を形成する。同じような堆積物からなる1枚の地層を**単層**，単層と単層の境界面を**層理面**という。

(a)**地層累重の法則**　一連の地層では，下の地層ほど古い。

(b)**堆積構造と層理面上の特徴**　単層や層理面上にみられる堆積時や未固結の段階で形成された構造は，地層の堆積環境の推定や地層の上下判定の材料となる。

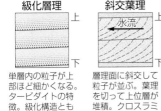

級化層理	斜交葉理	れん痕	流痕	生痕
単層内の粒子が上部ほど細かくなる。タービダイトの特徴。級化構造とも呼ばれる。	層理面に斜交して粒子が並ぶ。葉理を切って上位層が堆積。クロスラミナとも呼ばれる。	水や風の流れで，堆積物の表面に波状の模様が残る。リップルマークとも呼ばれる。	水流の侵食で，水底の土砂の表面にえぐられた跡が残る。	巣穴など生物の生活の跡が残る。カニや貝などの巣穴などは，サンドパイプとも呼ばれる。

❷**整合と不整合**

(a)**整合**　堆積が中断することなく連続的に行われた地層の重なりの関係を整合という。

(b)**不整合**　上下の地層の間に，長期間にわたる堆積の中断や侵食された形跡があるとき，上下の地層の重なりの関係を不整合といい，その境界面を不整合面という。不整合面の上位には，下位の地層や岩石に由来する基底礫岩がみられることが多い。

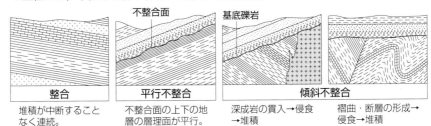

整合	平行不整合	傾斜不整合
堆積が中断することなく連続。	不整合面の上下の地層の層理面が平行。	深成岩の貫入→侵食→堆積　褶曲・断層の形成→侵食→堆積

3 地層の対比

　離れた地域に分布する地層が同時代のものかを比較することを地層の対比という。

❶かぎ層　短い期間に，広範囲に堆積し，目立った特徴のある地層をかぎ層(鍵層)という。例：火山灰層(凝灰岩層)や石炭層など

- ●火山灰層の特徴
  - (1)目立つ色をしており発見しやすい。
  - (2)噴火ごとに，含まれる鉱物や火山ガラスの特徴が異なり，特定しやすい。
  - (3)風によって広い範囲に広がり，地形や堆積環境には関係なく堆積する。

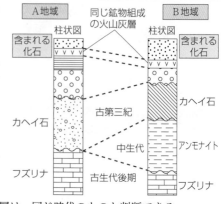

❷地層同定の法則　同じ種類の化石を含む地層は，同じ時代のものと判断できる。

　※右上図では，離れた2地域で示準化石やかぎ層(火山灰層)をもとに，同じ時代の地層を比較することができる。同時代の地層でも，場所によって堆積環境が異なるため，堆積物の種類が異なることもある。

4 堆積岩

❶続成作用　未固結の地層中では，堆積物の重みで，粒子間の水が絞り出される圧密作用と，粒子のすき間に炭酸カルシウム $CaCO_3$，二酸化ケイ素 SiO_2 などからなる新たな鉱物が生じて，粒子どうしを強く結びつけるセメント化作用が進行する。このようにして，未固結の堆積物が硬い堆積岩に変わっていく作用を続成作用という。

❷堆積岩の種類　　　※水の蒸発によってできる石灰岩やチャートもある。

種類	成因	堆積物の粒径や物質		岩石名
砕屑岩	風化・侵食による砕屑物が固結	泥	($\frac{1}{16}$ mm 以下)	泥岩
		砂	($\frac{1}{16}$ ~ 2 mm)	砂岩
		礫	(2 mm 以上)	礫岩
火山砕屑岩(火砕岩)	火山砕屑物が固結	火山岩塊と火山灰		凝灰角礫岩
		火山灰		凝灰岩
生物岩	生物の遺骸が集まって固結	フズリナ(紡錘虫)，サンゴ，貝		石灰岩($CaCO_3$)
		放散虫，ケイ藻		チャート(SiO_2)
化学岩※(蒸発岩)	水に溶解していた物質が沈殿・固結	海水や湖水中の NaCl		岩塩(NaCl)
		海水や湖水中の $CaSO_4$		石こう($CaSO_4$)

5 化石

❶化石　過去の生物の遺骸や生活の跡が，地層の中に残されているものを化石という。

　(a)体化石　骨や貝殻などの硬い部分のほかに，地層の中で炭化作用を受けた植物や遺骸が炭酸カルシウム $CaCO_3$ や二酸化ケイ素 SiO_2 に置き換えられたものもある。

(b)**印象化石** 遺骸やその置換物は残らず，生物の外形形態だけが残ったもの。

(c)**生痕化石** 足跡，はい跡，巣穴などの生活の跡が残されたもの。

❷化石の情報

(a)**示相化石** 現在の生物と比較することで，その時代の環境を知る手がかりとなる。

〈示相化石の条件〉 生息する地域や条件(生息環境)が推定できるもの。

〈示相化石の例〉 植物の葉や花粉→気候の推定，造礁サンゴ→澄んだ暖かく浅い海

カヘイ石・ビカリア→暖かく浅い海

(b)**示準化石** 化石を含む地層が形成された時代を決める手がかりとなる。

〈示準化石の条件〉 生物の種としての存続期間が短い，分布範囲が広い，個体数が多い。

〈示準化石の例〉 ※放散虫や有孔虫などの微化石も利用される。

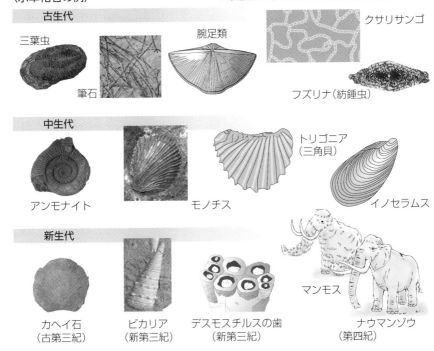

古生代
三葉虫
筆石
腕足類
クサリサンゴ
フズリナ(紡錘虫)

中生代
アンモナイト
モノチス
トリゴニア(三角貝)
イノセラムス

新生代
カヘイ石(古第三紀)
ビカリア(新第三紀)
デスモスチルスの歯(新第三紀)
マンモス
ナウマンゾウ(第四紀)

6 地質時代区分

地質時代は，地層の対比や生物の変遷，岩石の年代などをもとに区分されている。地球の歴史は，化石によって判明した地層の相対的な新旧関係に，年代測定による数値の目盛りがつくことで，正確に示すことができる。

❶**相対年代** 生物(化石)の種類の変遷から時代を区分し，地質時代の相対的な新旧関係を示すものを相対年代という。大きい区分から順に代・紀・世が用いられる(→p.138)。

❷**数値年代** 岩石や鉱物の形成年代を数値で示した年代を数値年代という。相対年代に対して絶対年代とも呼ばれる。また，年代測定の方法によって，**放射年代**などがある。

Process

1 次の文中の（　　　）に適する語を記入せよ。

温度の変化によって岩石が壊れていく作用を（　1　）風化，主に雨水と反応して鉱物が分解される作用を（　2　）風化という。

2 次の文章中の（　　　）に適する語を答えよ。

層理面に対して，粒子の並び（葉理）が斜交しているものを（　1　）といい，水流の向きや速さが変化する環境で堆積したものであり，右図の上の単層が示す水流の向きは（　2　）から（　3　）である。単層において，粒子が上部ほど細粒になるものを（　4　）といい，タービダイトによくみられる。水流による侵食の跡が残ったものを（　5　），水底に波状の模様が残ったものを（　6　）という。また，生息した生物の巣穴やはい跡などが上位層によって埋積されたものを（　7　）という。

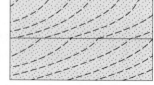

3 次の文章中の（　　　）に適する語を答えよ。

堆積物から水が押し出され，すき間を（　1　）や二酸化ケイ素などからなる新たな鉱物が埋めて，粒子どうしが結びつけられると硬い（　2　）となる。このような作用を（　3　）作用という。特に，粒径 2 mm 以上の砕屑物が固結した岩石を（　4　）という。

4 次の文章中の（　　　）に適する語を答えよ。

連続的な堆積作用で積み重なった地層の関係を（　1　）といい，積み重なる地層は，連続した時間の記録といえる。一方，堆積の場が隆起し（　2　）が中断したのち，（　3　）を受けて，再び沈降して堆積が再開したとき，積み重なる上下の地層の間に時間的なずれが生じる。この地層の重なりの関係が（　4　）であり，境界面を（　5　）という。この面より上位には，下位の地層や岩石に由来する（　6　）がみられる。

5 次のうち，示準化石の条件にあてはまるものを**すべて**答えよ。

(ア)　分布範囲が広い　　　(イ)　分布範囲が狭い　　　(ウ)　種としての生存期間が長い
(エ)　種としての生存期間が短い　　　(オ)　個体数が多い　　　(カ)　個体数が少ない

6 次の①～④のうち，それぞれ 2 つの露頭が確実に同時代の地層であるといえるものはどれか。

①　同じ色の黒色泥岩がみられた。　　　②　地層から二枚貝の化石が発見された。
③　同じ鉱物組成の火山灰層がみられた。　④　地層から炭化した植物片が発見された。

解答

1 (1)物理的　(2)化学的　　**2** (1)斜交葉理（クロスラミナ）(2)右　(3)左　(4)級化層理　(5)流痕
(6)れん痕　(7)生痕　　**3** (1)炭酸カルシウム　(2)堆積岩　(3)続成　(4)礫岩
4 (1)整合　(2)堆積　(3)侵食　(4)不整合　(5)不整合面　(6)基底礫岩
5 (ア), (エ), (オ)　　**6** ③

[知識]
151. 風化◆岩石が受ける風化について述べた文として**誤っているもの**を，次の①～④のうちから1つ選べ。

① 寒暖の差が大きい地域では，岩石の膨張と収縮によるひび割れができやすい。

② 岩石にしみ込んだ水が凍結と融解をくり返すことで，岩石の破壊が促進される。

③ 寒冷地や乾燥した地域よりも温暖で湿潤な地域の方が，物理的風化が進みやすい。

④ 石灰岩が水と二酸化炭素による化学的風化を受けると，カルスト地形が形成される。

[知識]
152. 地層◆次の(1)～(4)の文は，それぞれ何を説明したものか答えよ。

(1) 上下を層理面ではさまれ，同じような堆積物からなる1枚の地層。

(2) 大陸棚などで生じた混濁流によって運ばれた堆積物。

(3) 火山灰層など，短期間で広範囲に堆積した，色や構成物に目立った特徴がある地層。

(4) 連続的に堆積した地層は，下位のものほど上位のものよりも古いという法則。

[知識]
153. 地層の新旧判定◆地層の堆積構造や層理面のようすなどから，地層の新旧の判定を行うことがあるが，次の①～⑥のスケッチの中から，右側ほど新しいと考えられるものをすべて選べ。

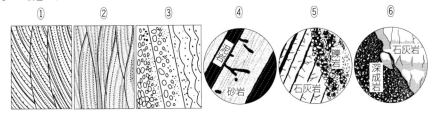

[知識]
154. 堆積岩の種類◆次の(1)～(4)の文の下線部について，正しいものには○を，誤っているものには正しい語を答えよ。

(1) 火成岩が風化・侵食を受けて，固結した岩石は<u>堆積岩</u>である。

(2) 砂岩は2mm以上の砕屑物が固結したものである。

(3) フズリナの遺骸の殻が固まった岩石は<u>チャート</u>と呼ばれる。

(4) 海や湖に溶けていた物質が沈殿したり，蒸発したりしてできた岩石は<u>化学岩</u>である。

[知識]
155. 地質時代の区分◆地質時代の区分やその決定について述べた文として最も適当なものを，次の①～④のうちから1つ選べ。

① 地質時代は，大きな区分から順に，代・紀・世に分けられている。

② 地質時代の区分は，すべて均等な年数で分けられている。

③ 示準化石を含む地層の厚さから，数値年代を決定できる。

④ 地層に含まれる示相化石の種類から，地層が形成された相対年代が決定される。

例題27　侵食・運搬・堆積作用 [知識]　　　　　　　　　⇒問題 156, 158, 164

図中の曲線Ⅰは，静止している砕屑粒子が移動開始するときの平均流速と粒径の関係を示している。曲線Ⅱは，動いている砕屑粒子が静止するときの平均流速と粒径の関係を示している。

(1) 図中のa〜cの粒径の範囲の粒子をそれぞれ何というか。

(2) 次の①〜③は，図の領域のア〜ウのいずれに相当するか，それぞれ1つずつ選べ。

　① 運搬されていたものが堆積する領域

　② 堆積していたものが侵食・運搬される領域

　③ 運搬されていたものが運搬され続ける領域

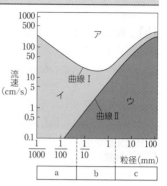

(17　福島大　改)

■ 考え方　(1) 砕屑物の粒径による区分では，$\frac{1}{16}$〜2mm のものを砂，それよりも大きいものを礫，小さいものを泥としている。
　　　　　　(2) 一般に，礫など粒径が大きいものは侵食に大きな流速が必要となる。また，泥など粒径が小さくなると粒子間の粘着力が大きくなり，侵食に大きな流速が必要となる。

■ 解答　(1) a　泥　　b　砂　　c　礫　　(2) ① ウ　　② ア　　③ イ

例題28　堆積物と堆積岩 [知識]　　　　　　　　　　　　⇒問題 156, 158

右表について，次の各問いに答えよ。

堆積物	放散虫殻	貝殻	泥	火山灰
堆積物の特徴	（ ア ）	（ イ ）	粒径 $\frac{1}{16}$ mm以下	（ ウ ）
堆積岩の名称	（ 1 ）	（ 2 ）	泥岩	（ 3 ）

問1　（ ア ），（ イ ）に入る堆積物の主成分の化学式をそれぞれ答えよ。

問2　（ ウ ）に入る特徴として誤っているものを，次の①〜⑤から1つ選べ。

　① 広範囲に堆積する　　② 同時堆積面を示す　　③ 構成する粒子が細かい

　④ 構成する粒子はすべて鉱物からなる　　⑤ 堆積環境に関係なく堆積する

問3　（ 1 ）〜（ 3 ）の堆積岩は，それぞれ表中の堆積物からできている。堆積岩の名称をそれぞれ答えよ。

問4　堆積物が堆積岩となる作用を何と呼ぶか。

(18　福岡大　改)

■ 考え方　問1　放散虫は動物プランクトンであるが，その骨格や殻は SiO_2 のガラスに似た組成からなる。貝殻は，$CaCO_3$ の方解石や霰石と呼ばれる鉱物の結晶からなる。
　　　　　　問2　火山灰は，同時に広い範囲に堆積環境とは無関係に堆積する。粒径は2mm以下で火山礫よりも細かい。構成粒子はガラス質のものも多く含む。
　　　　　　問3　放散虫や貝殻からなる堆積岩は，ともに生物岩であるが，生物遺骸の違いからチャートや石灰岩に区分される。火山灰が固まった堆積岩は凝灰岩と呼ぶ。
　　　　　　問4　堆積物は圧縮と脱水，新たな鉱物の形成によって硬い堆積岩となる。

■ 解答　問1　（ア）SiO_2　　（イ）$CaCO_3$　　問2　④
　　　　　問3　(1) チャート　　(2) 石灰岩　　(3) 凝灰岩　　問4　続成作用

例題29　地層の対比 知識

→問題163, 165, 166

図は，ある地域の5地点V〜Zから得られた，長さ20mのボーリング資料の地質柱状図である。なお，この地域には断層がなく，地層は水平で整合に積み重なっているとする。

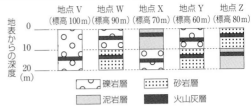

地点V（標高100m）　地点W（標高90m）　地点X（標高70m）　地点Y（標高60m）　地点Z（標高80m）

礫岩層　　砂岩層
泥岩層　　火山灰層

(1) 図には，全部で何種類の火山灰層が含まれているか。

(2) 火山灰層のような地層の対比の目印になる地層を何というか。

(3) 離れた場所の火山灰層が同一のものであるために，少なくとも何が一致する必要があるか。最も適当なものを，次の①〜⑤から1つ選べ。

① 火山灰層の厚さ　　② 含まれる鉱物の種類　　③ 火山灰の粒径

④ 色　　⑤ 下位の地層の種類　　　　　　　（15 センター試験追試 改）

■ 考え方
(1) 地点Wを10m下げると，地点VとWの礫岩層中の火山灰層が同一のものと分かる。同様に，地点WとZの砂岩層，地点ZとXの泥岩層，地点XとYの礫岩層，それぞれに含まれる火山灰層が同一のものとなる。

(3) 噴出源から離れるほど，火山灰層は薄くなり，火山灰の粒径は小さくなる。色は火山灰堆積後の環境によって変化する。また火山灰は，下位の地層が何であれ，それらを一様に覆う。これらは指標にならない。

■ 解答
(1) 5種類　　(2) かぎ層　　(3) ②

例題30　地層の重なり・示準化石・示相化石 知識

→問題162, 167

図は造山帯にある露頭のスケッチで，地層の重なり方と産出化石が示してある。また図中の波線は不整合の関係を表すものとする。産出化石にもとづき，地層A，B，Cの形成された順序と地質時代，堆積環境を答えよ。

（07 金沢大 改）

地層C
産出化石（ビカリア）

地層B
産出化石（リンボク・ロボク・フウインボク）

地層A
産出化石（イノセラムス・アンモナイト・カニ・硬骨魚類）

■ 考え方
地層累重の法則からは，地層A→地層B→地層Cの順に見えるが，含まれる化石に注目して見ると，

地層A　イノセラムス・アンモナイト（海の生物）……中生代
地層B　リンボク・ロボク・フウインボク（陸の植物）……古生代
地層C　ビカリア（温暖な浅い海に生息する）……新生代（主に新第三紀）

となり，地層Aと地層Bに逆転があることがわかる。

■ 解答
地層B（古生代・陸域）→地層A（中生代・海域）→地層C（新生代・温暖な浅い海）

156. 地表付近の岩石の変化●次の文章を読み，以下の各問いに答えよ。

知識

　地表付近の岩石は，風化や（　ア　）作用を受けて砕屑物となる。次いで，砕屑物は，風，流水，氷河などによって様々な場所に運ばれ，重力の下で堆積する。その後，①堆積物が固結し，密度がさらに大きい堆積岩となる。砕屑物からなる堆積岩は，砕屑岩と呼ばれ，砕屑物の粒径が大きい順に（　イ　）・（　ウ　）・（　エ　）の3つに大別される。そのほかにも堆積岩は，火山砕屑物や化学的沈殿物，生物遺骸によって形成される場合もあり，それぞれ（　オ　）・②化学岩・③生物岩と呼ばれている。

(1)　文章中の（　ア　）～（　オ　）に適する語を答えよ。

(2)　下線部①の作用を何というか。

(3)　下線部②の化学岩として，NaCl の成分からなる岩石を何と呼ぶか。

(4)　下線部③の生物岩で SiO_2 を主要な化学成分とする岩石は，どのような生物を起源としているか。最も適当なものを，次の語群から1つ選べ。

　　〔語群〕　サンゴ　　　貝　　　放散虫　　　有孔虫

(18　北海道大　改)

157. 河川の働き●図は，ある河川中流の地形と地質断面を示したものである。現在，河川は蛇行，氾濫をくり返しながら，砂礫層b，cからなる（　ア　）を形成している。洪水時には，流路の縁に沿って砂などが堆積し（　イ　）という微高地ができ，その背後には（　ウ　）が形成される。蛇行が進むと洪水時

知識

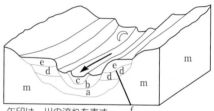

矢印は，川の流れを表す。

などに流路の短絡が起こり，旧河道に（　エ　）が残される。図では，最下位に分布する古第三紀の泥岩mを覆って，第四紀の砂礫層a～eが堆積し，左岸の地下には断層fが形成されている。また，図の階段状の地形は，地盤が（　オ　）するか，海面が（　カ　）することによって形成されたと考えられる。

(1)　空欄（　ア　）～（　カ　）に適する語を，次の語群から選べ。

　　〔語群〕　自然堤防　　　扇状地　　　氾濫原　　　三日月湖　　　後背湿地　　　隆起　　　低下

(2)　下線部の地形を何というか。

(3)　泥岩mと砂礫層aの関係を何と呼ぶか。

(4)　地層a～eの中で，最も古い地層と最も新しい地層はどれか。それぞれa～eの記号で答えよ。

(5)　断層fは，どの段階で形成されたと考えられるか。次の①～④から1つ選べ。

　　①　mが堆積する前　　　　　　　　　②　aが堆積し，dが堆積するまで

　　③　dが堆積し，eが堆積するまで　　④　eが堆積した後

(09　福岡大　改)

思考

158. 堆積作用 探究活動に取り組むとき，観察事実と，考察で得られる事柄とを区別することは大切である。和子さんが土石流によって形成された未固結堆積物（固結していない堆積物）を調査したときのレポートの一部を次に示す。

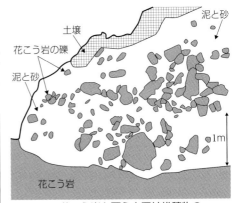

図 花こう岩を覆う未固結堆積物の断面のスケッチ

> **和子さんのレポートの一部**
> ◆観察結果：未固結堆積物の大部分で（ ア ）が観察できた。そのようすをスケッチしたものが右図である。
> ◆考察：観察結果にもとづくと，（ イ ）が推論できる。

(1) レポート中の（ ア ）・（ イ ）に入れる語句として最も適当なものを，次の①〜④のうちから1つずつ選べ。

① 泥，砂，礫がほぼ同時に堆積したこと
② 泥と砂の中に礫が分散して分布していること
③ 礫，砂，泥の順に堆積したこと
④ 泥，砂，礫が層状に分布していること

(2) 図中にみられる砂や礫は，もとは大きな岩石であったと考えられる。岩石を砂や礫などに変える働きとして最も適当なものを，次の①〜④のうちから1つ選べ。

① 火成作用 ② 続成作用 ③ 風化作用 ④ 変成作用

(19 共通テスト試行調査 改)

思考

159. 堆積構造 ある日ジオ君は，右図に示す露頭で砂岩層aの断面にクロスラミナ（斜交葉理），砂岩層bの断面に級化層理（級化成層）を見つけた。

(1) この露頭の地層の新旧について最も適当なものを，次の①〜④のうちから1つ選べ。

① 東へ向かって地層が新しくなる。
② 西へ向かって地層が新しくなる。
③ 上へ向かって地層が新しくなる。
④ 下へ向かって地層が新しくなる。

クロスラミナ（斜交葉理）

図 層理面（地層面）が垂直な砂岩泥岩互層の露頭

砂岩
泥岩

(2) 砂岩bで観察される級化層理の特徴として最も適当なものを，次の①〜④のうちから1つ選べ。

(20 センター試験本試 改)

① 東へ向かって粒子が細かくなる。 ② 西へ向かって粒子が細かくなる。
③ 上へ向かって粒子が細かくなる。 ④ 下へ向かって粒子が細かくなる。

知識

160. **堆積構造**●図は，タービダイトの内部構造A～Dを模式的に示したものである。次の各問いに答えよ。

(1) A中にみられる堆積構造を何というか。

(2) Bの堆積構造からは，地層堆積時の水流の向きを判定することができる。その向きは，この図に向かって「左から右」と「右から左」のどちらか。

(3) 地層の上下判定に用いることのできる堆積構造を，A～Dから**すべて選べ**。

(4) タービダイトとその上位の泥層を比べたとき，堆積に要する時間が短いのはどちらか。

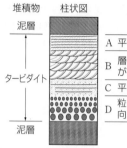

堆積物	柱状図	内部構造の特徴
泥層		
		A 平行な模様がある
		B 層理面に斜交する模様がある
タービダイト		C 平行な模様がある
		D 粒子の大きさが上へ向かって小さくなる
泥層		

(15　センター試験追試　改)

思考

161. **地質断面図**●図は，ある地域の模式的な地質断面図である。A岩体は深成岩である。B層は凝灰岩である。C層は礫を含む砂岩層であり，D層は薄い泥岩層をはさむ砂岩層である。C～D層には，熱による変成作用（図の網掛け部分）がみられる。

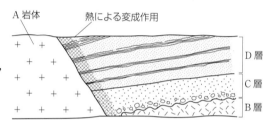

問1　C層の底部に含まれる礫岩は何と呼ばれるか。

問2　図のB層とC層の地層の関係およびC層の礫について述べた文として最も適当なものを，次の①～④のうちから1つ選べ。

① B層とC層は整合の関係にあり，C層の礫には，A岩体の深成岩が含まれる可能性がある。

② B層とC層は整合の関係にあり，C層の礫には，B層の凝灰岩が含まれる可能性がある。

③ B層とC層は不整合の関係にあり，C層の礫には，A岩体の深成岩が含まれる可能性がある。

④ B層とC層は不整合の関係にあり，C層の礫には，B層の凝灰岩が含まれる可能性がある。

問3　図のA岩体とB～D層が形成された順序として最も適当なものを，次の①～④のうちから1つ選べ。

① A岩体→B層→C層→D層　　② A岩体→D層→C層→B層

③ B層→A岩体→C層→D層　　④ B層→C層→D層→A岩体

(16　高卒認定試験　改)

162. 化石

[知識]

162. 化石 ●次の文章を読み，各問いに答えよ。

化石とは過去の生物の骨格などの硬組織や，①活動の痕跡などが地層に保存されたものである。その形態が時代とともに変化することを用いて，②化石の種類を特定すると，産出した地層の時代が明らかになる。一方，化石となった過去の生物も生きていた当時はその地域の環境に適応していたと考えられる。したがって，ある限られた環境で生息していた生物が化石として産出した場合，その化石を含む地層が形成された当時の③環境を推測することができる。

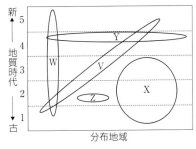

図は化石Ｖ～Ｚの分布地域と生息していた地質時代を模式的に示した図である。化石になった生物は，種類によってその分布地域の広さや，生息期間の長さに違いが認められる。

問１　下線部①の化石を何というか。

問２　下線部②の方法で決定した年代を何というか。

問３　下線部②および③に用いられる化石をそれぞれ何というか。

問４　図の化石Ｖ～Ｚのうち，下線部②および③に用いるのに最も適したものをそれぞれ記号で答えよ。

(09　福岡大　改)

163. 地層の対比

[知識]

163. 地層の対比 ●次の文章を読み，各問いに答えよ。

標高200ｍの平坦な台地上の地点①，②，③でボーリングを行ったところ，右図のような地質柱状図を得た。柱状図①，②のア，イ，ウ，エは岩石が採取できなかった空白部分で，それらの地質は不明である。

この地域の地質は下位よりＡ層群，Ｂ層群，Ｃ層群に区分されており，不整合の関係にある。Ａ層群の泥岩からは三葉虫の化石が，Ｂ層群の泥岩からはカヘイ石（ヌンムリテス）の化石が，Ｃ層群からはゾウの化石が発見されている。

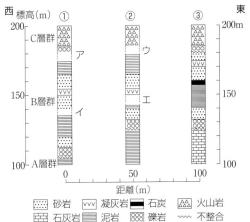

(1) 柱状図③の石炭が，柱状図①または柱状図②の空白部分にも現れているとすると，その位置はどこか。ア～エの記号より最も適当と考えられるものを１つ選べ。

(2) 柱状図②にみられる不整合面は，どの層群とどの層群の不整合面か答えよ。

(09　長崎大　改)

発展問題

［思考］［論述］
164. 侵食・運搬・堆積作用 ■以下の文章を読み，次の問いに答えよ。

海岸では，泥や礫がほとんど混じらず粒径のそろった砂からなる砂浜が形成されることがある。この理由として，流速に対する礫・砂・泥の挙動を述べた次の文の後半を，右図を参考に，それぞれ与えられた語句を**すべて**用いて25字以内で完成させよ。

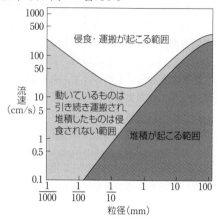

礫…運搬され続けるには，

　（　流速　　必要　　海　　　運搬　）。

砂…比較的小さな流速でも，

　（　海　　堆積　　流速　　運搬　）。

泥…いったん動き始めると，

　（　堆積　　沖　　運搬　　流速　）。

［思考］［論述］
165. 地層の対比・示準化石 ■離れた３地域A～Cで試料を採取し，化石a～dの産出する状況を調べた。下図はその結果を示したものである。次の各問いに答えよ。

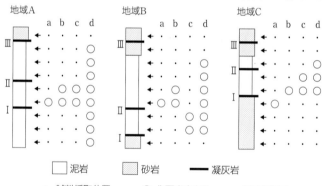

(1) 凝灰岩Ⅰ～Ⅲは火山噴火に伴う降灰によって形成されたもので，それぞれが同一の時間面を示している。この凝灰岩層のように，異なる地域の地層の対比に用いられる層を何というか。

(2) 図をもとに，a～dの化石のうち示準化石として最も適当なものを，次の①～④のうちから１つ選べ。

　　① a　　　② b　　　③ c　　　④ d

(3) (2)で，示準化石として最も適当であると考えた理由を，25字以内で説明せよ。

(11　センター試験本試　改)

思考

166. 地層と対比 ▨次の文章を読み，以下の各問いに答えよ。

堆積物は層状に積み重なって地層を形成する。同じような堆積物からなる 1 枚の地層を（　ア　）といい，その上下の層との境界面を（　イ　）という。地層は下位から上位に重なって形成されることから，<u>下位の地層は上位の地層より古い</u>。これを（　ウ　）の法則という。ウイリアム・スミスはこの考えを用いて，1815 年にイギリス全体の地質図を完成させた。また，石炭の資源探査を行い，その過程で，同じ化石が産出する地層は同じ時代であるという（　エ　）の法則も確立した。

下図は，離れた X 地域，Y 地域，Z 地域における地層（A 層～D 層，E 層～H 層，および J 層～M 層）の重なりを示している。太い実線はそれぞれの地層から採集された化石の種①～⑤の産出範囲を示したものである。各地層の ∨∨∨ のマークは火山灰層を意味し，その放射年代は一致している。このような地層は対比に役立つので（　オ　）と呼ばれる。それぞれの地層は連続して堆積している。しかし，X 地域の C 層と D 層の境界だけは侵食面となっており，D 層は C 層と異なる傾きを示している。このような地層の重なり方を（　カ　）という。

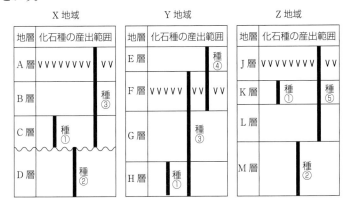

(1)　文章中の空欄（　ア　）～（　カ　）に適する語を答えよ。

(2)　下線部にあてはまらない場合もある。下線部にあてはまると考えられるものを，次の①～④のうちから 1 つ選べ。

　　①　地層が逆断層でずれている

　　②　地層が激しい褶曲を受けて倒れている

　　③　不整合面の上に基底礫岩がある

　　④　上部ほど堆積物の粒子が大きい単層がみられる

(3)　X 地域の B 層に対比できるのはどの層か。図の E 層～H 層，J 層～M 層のうちから，最も適するものを 1 つ選べ。

(4)　X 地域の C 層と D 層の間で侵食された地層に対比できる可能性があるのは，どの地層か。図の E 層～H 層，J 層～M 層のうちから，適するものを**すべて**選べ。

(5)　図の化石の種①～⑤のうち，示準化石として最も適しているものを選び，記号で答えよ。

(17　福岡大　改)

167. 露頭の観察 ■図はある崖のスケッチである。以下の各問いに答えよ。

(1) 砂岩，泥岩，凝灰岩にみられる地層の重なりの関係を何というか。

(2) 波線で示した石灰岩の底面を何というか。

(3) (2)の面の直上に含まれる礫の種類として，**適当でないもの**を次の①〜⑥から**2つ選べ**。

① 石灰岩　　② 火山砕屑岩　　③ 泥岩
④ 砂岩　　　⑤ 凝灰岩　　　　⑥ 火成岩

(4) 火成岩の周囲の砂岩や泥岩は，硬くて緻密な組織の岩石に変わっている。この岩石は何と呼ばれるか。

(5) 次の①〜⑦を起こった順に並べよ。

① 断層が動く　　② 地層が傾く　　③ サンゴ礁が発達
④ 礫岩が形成　　⑤ マグマが貫入　　⑥ 砂や泥が堆積
⑦ 海水面が相対的に変化(いったん低下した後に上昇)

(15 琉球大 改)

168. 地質断面図 ■図は，ある地域の地質構造を立体的に示すために，東西南北の4つの地質断面を組合せてつくった図(パネルダイアグラム)である。各断面の底辺は同一水平面上にある。図の範囲には堆積岩(A〜F層)，貫入した火成岩(岩体X〜Z)が分布している。また，Sは垂直な断層であり，A〜F層に変位を与えていることが現地調査により明らかとなっている。

(1) 岩体X，Yそれぞれの名称として適当なものを右から選べ。{ 底盤　岩床　岩脈 }

(2) B層には，礫としてどのような種類の岩石が含まれると予測できるか。記号A〜F，X〜Zの中から該当するものを**すべて選べ**。

(3) 断層Sの南東側から見たとき，北西側の岩盤のずれの向きとして適当なものを選べ。

① 下　　② 上　　③ 南西　　④ 北東

(4) A〜F各層，岩体X，Z，断層Sを形成順に並べよ。ただし，地層の逆転はなく，断層Sの活動については最新の活動時期を用いよ。

(11 岡山大 改)

チャレンジ問題 🔟🔟 「地学」に挑戦　　　challenge

▶▶ 数値年代（絶対年代）

❶**数値年代**　放射年代（放射性年代）とも
呼ばれ，岩石や鉱物に含まれる放射性
同位体を利用して測定される。放射性
同位体が壊変し，元の量の半分になる
のに要する時間を半減期という。例え
ば，放射性同位体の量が $\frac{1}{8}\left[\left(\frac{1}{2}\right)^3\right]$ に
なっていれば，半減期3回分の期間を
経ていることになる。

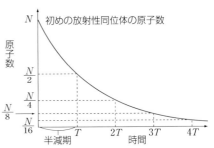

測定法	放射性同位体	半減期	特徴
ルビジウム・ストロンチウム法	^{87}Rb	492億年	月の岩石の測定に利用された。 （月の地殻…約45億年前に形成）
ウラン・鉛法	^{238}U	44.7億年	半減期が長いため，古い岩石の測定に適する。 月の岩石や隕石などの測定にも利用される。
カリウム・アルゴン法	^{40}K	12.5億年	カリ長石，雲母，角閃石などに含まれ，利用範囲が広い。
炭素14法	^{14}C	5730年	骨や貝殻や木片に含まれる。半減期が短いため，第四紀の研究や考古学に利用される。

❷**放射性炭素年代測定（炭素14法）**　大気中にある炭素のほとんどは安定同位体 ^{12}C で
あるが，わずかに放射性同位体 ^{14}C も含まれる。この割合が過去数万年にわたって
一定であると仮定して，年代測定が行われる。生物は大気中の炭素を取り込むので，
生物体を構成する ^{12}C と ^{14}C の割合は大気と同じである。しかし，生物が死ぬと炭
素が取り込まれなくなり，^{14}C だけが減っていき ^{12}C と ^{14}C の割合が変わっていく。

〔知識〕
数値年代 ◆放射性同位体を用いた年代測定に関して，以下の各問いに答えよ。

(1)　マンモスの牙の化石とともに発見された木片の放射年代を求めるとき，用いる放射性
同位体として最も適当なものを，次の①～④のうちから1つ選べ。

①　^{40}K　　　②　^{14}C　　　③　^{238}U　　　④　^{87}Rb

(2)　放射性炭素年代測定は，放射性同位体 ^{14}C の崩壊で，その個数が時間とともに減少し，
安定同位体 ^{14}N に変わる性質を利用する年代測定方法である。ある層から採取された植
物の破片に含まれる ^{14}C の量は，この植物が枯れる前に含まれていた量の $\frac{1}{4}$ であり，そ
れに基づいて11400年の年代が得られた。^{14}C の半減期を求めよ。

(3)　(2)と同様に，別の地層に含まれる植物片の年代を測定すると28500年前の値が出た。
この植物片に含まれる ^{14}C の量は元の量に比べて何倍になっているか答えよ。

（02，11　センター試験本試，10　京都大　改）

第5章　生物の変遷と地球環境

10 | 地球と生物の変遷

1 先カンブリア時代　46億年前〜5.39億年前

❶冥王代　マグマオーシャンに覆われていたため，岩石や地層の証拠が得られていない。
- **原始大気**　主成分は水蒸気や二酸化炭素で，酸素はほとんど含まれていなかった。

❷太古代　海洋が誕生し，海洋で最初の生命が誕生した。
- **最古の岩石**　カナダ北部で発見された約40億年前の片麻岩。
- **海の存在を示す証拠**　グリーンランドで発見された約38億年前の枕状溶岩。
- **大気組成の変化**　二酸化炭素が海水に溶けて徐々に減少した（→石灰岩として固定）。
- **最初の生命**　誕生した場所として深海の熱水噴出孔のような環境が注目されている。
- **最古の生命の痕跡**　約39億年前のグリーンランドの堆積岩。
- **最古の化石**　西オーストラリアの35億年前のチャート層から発見された微生物。エネルギーを得るのに酸素を用いない原核生物と考えられる。
- **光合成生物の誕生**　約27億〜25億年前に原始的なシアノバクテリアが出現。

❸原生代　真核生物が出現し，多細胞生物へ進化していった。
- **シアノバクテリアの繁栄**　ストロマトライト(石灰質の構造物)がつくられた。光合成により，海洋中に酸素が大量発生した。

ストロマトライト

- **縞状鉄鉱層の形成**　25億〜20億年前，海中に溶けている鉄イオンが増加した酸素と結びつき，海底に堆積した。現在，鉱物資源として利用されている鉄の大部分はこの地層から得られたものである。
- **真核生物の出現**　原生代前期に真核生物が現れ，のちに多細胞生物に進化した。
- **全球凍結**　約23億年前と約7億年前には，地球全体が氷で覆われていたと考えられている。大気中の二酸化炭素などの温室効果ガスが減少し，氷河が低緯度地域まで広がったことにより，多くの生物が絶滅した。
- **大型多細胞生物の出現**　約5.5億年前の地層(南オーストラリアなど)から，やわらかく扁平な大型多細胞生物(エディアカラ生物群)の化石が発見されている。

スプリギナ　ディキンソニア
エディアカラ生物群

相対年代	先カンブリア時代			古生代			
	冥王代	太古代	原生代	カンブリア紀	オルドビス紀	シルル紀	
絶対年代	46(億年前) 40 35		25　　　　　　5.39		4.85	4.44	4.19
主なできごと	地球の誕生　マグマオーシャン	最古の岩石	最古の化石　シアノバクテリアの繁栄　縞状鉄鉱層の形成　全球凍結　真核生物や多細胞生物の出現	全球凍結　エディアカラ生物群　カンブリア紀爆発	バージェス動物群　脊椎動物(無顎類)の出現	生物の陸上進出　☆	魚類の出現

❷ 古生代　5.39億年前〜2.52億年前

❶カンブリア紀　多様な無脊椎動物が爆発的に増加した。→カンブリア紀爆発（カンブリア爆発）
- 硬い殻や強力な歯をもつ動物が出現した。被食─捕食関係があったと考えられている。〈例〉前期の澄江動物群（中国雲南省），中期のバージェス動物群（カナダ西部）。
- 三葉虫（節足動物のなかま），無顎類（**最初の脊椎動物**，魚類につながる）が出現した。

❷オルドビス紀　温暖な気候のもと，海の中でサンゴや筆石が繁栄した。
- 陸上では，コケ植物の胞子や節足動物のはい跡の化石が産出している。
- 大気中の酸素濃度の上昇に伴い，少なくともこの時期にはオゾン層が形成されていた。

❸シルル紀　クックソニアの出現以降，植物が陸上で生育場所を拡大した。
- 根・茎・葉の構造をもち，維管束が発達したシダ植物が出現した。
- シルル紀の終わりに無顎類の一部が顎を発達させ，原始的な魚類に進化した。

❹デボン紀　魚類が繁栄し，脊椎動物が陸上へ進出した。
- 陸上では，乾燥した環境に耐えられる種子植物（裸子植物）が出現した。
- 後期には，ひれにあしのような骨格をもつ魚類（ユーステノプテロンなど）が進化し，原始的な両生類（アカントステガ，イクチオステガなど）が出現した。

❺石炭紀　大型のシダ植物（ロボク・リンボク・フウインボクなど）が大森林を形成した。
- シダ植物の活発な光合成によって**大気中の酸素濃度が増加**し，昆虫類が大型化した。
- 二酸化炭素を取り込んだシダ植物が分解されず地中に埋没し，**大気中の二酸化炭素濃度が低下**した。大量に蓄積したシダ植物の遺骸は，現在使用されている石炭になった。
- 殻に包まれた卵を産むハ虫類や哺乳類につながる単弓類が出現。乾燥気候に適応した。
- 温室効果が弱まったため，石炭紀末には気候が寒冷化して南半球に氷床が発達した。

❻ペルム紀　大陸が集合して超大陸パンゲアの形成が進み，ペルム紀末に完成した。
- 寒冷化に伴い，より乾燥に強い裸子植物（グロソプテリスなど）が内陸まで生息範囲を拡大させて繁栄した。
- 石炭紀〜ペルム紀の海では，フズリナ（紡錘虫）やサンゴなどが繁栄した。
- 地球生命史上最大の大量絶滅（**P/T 境界絶滅**）が起こり，三葉虫やフズリナなど海生動物（種の96％）や多くの陸上の生物群が姿を消した。

☆印は，大量絶滅を示す。

古生代			中生代			新生代		
デボン紀	石炭紀	ペルム紀	三畳紀	ジュラ紀	白亜紀	古第三紀	新第三紀	第四紀
3.59	2.99	2.52	2.01	1.45	0.66	0.23	0.026	現在
魚類の繁栄／裸子植物の出現／両生類の出現	シダ植物の繁栄／昆虫類の繁栄／ハ虫類の出現	超大陸パンゲアの形成／最大の大量絶滅	最大の大量絶滅／恐竜の出現／裸子植物の繁栄／哺乳類の出現／パンゲアの分裂開始	大型八虫類の繁栄	鳥類の出現／被子植物の出現／生物の大量絶滅（巨大隕石の衝突）	霊長類の出現／被子植物の繁栄／寒冷化始まる	哺乳類の繁栄／人類の出現	氷河時代／現生人類の出現
		☆	☆		☆			

3 中生代　2.52億年前〜0.66億年前

❶三畳紀（トリアス紀）　海ではアンモナイトや二枚貝類のモノチス，陸上ではハ虫類や単弓類，裸子植物（イチョウやソテツなど）が温暖な気候のもとで繁栄した。
- ハ虫類の中からワニや恐竜が，後期には，単弓類の中から小型の哺乳類が出現した。
- 三畳紀末には，超大陸パンゲアの分裂・移動が始まった。

❷ジュラ紀　大型ハ虫類（恐竜・首長竜・魚竜・翼竜など）が繁栄した。
- ジュラ紀の終わりに，恐竜から鳥類に進化するものも現れた。

❸白亜紀　激しい火山活動によって，二酸化炭素濃度が高くなり，温暖な気候で大型ハ虫類や二枚貝類（イノセラムスやトリゴニア）が繁栄した。初期に被子植物が出現した。
- 生物による有機物の生産量が増加し，地層中に大量に蓄積されて石油のもとになった。
- 白亜紀末には，隕石の衝突などによって環境が激変し，恐竜などの大型ハ虫類やアンモナイトなどの海洋無脊椎動物，多くの裸子植物などが絶滅した。

4 新生代　0.66億年前〜現在

❶古第三紀　地球全体が温暖で，高緯度地域にも大森林が形成された。被子植物の遺骸が，現在の北海道や九州に分布する石炭のもとになった。
- 哺乳類が多様化・大型化した。霊長類が出現し，広大な森林に進出した。
- 浅海で大型有孔虫のカヘイ石（ヌンムリテス）やケイ藻などのプランクトンが繁栄した。
- 後半は気温が低下し始め，大陸内部が乾燥化して草原（イネ科の植物）が増えた。

❷新第三紀　前半は温暖で，カルカロクレス（サメのなかま）やビカリア（巻貝），デスモスチルス（哺乳類）が繁栄した。中頃から二酸化炭素濃度が低下し，寒冷化が進んだ。
- インド亜大陸がユーラシアプレートに衝突し，ヒマラヤ山脈やチベット高原が形成された。インドからアジアにかけての季節風（モンスーン）が活発になった。
- アジア大陸の東縁が裂け日本海が拡大，日本列島の原形が形成された（約1500万年前）。
- チャドで最古の人類サヘラントロプス・チャデンシス（約700万年前）が，南・東アフリカの地層からアウストラロピテクス属（400万〜200万年前）の化石が発見された。

❸第四紀　氷期と間氷期がくり返す氷河時代となり，海水準の下降と上昇がくり返された。
- ホモ・エレクトスなど複数の人類が共存していた時代もあった。唯一の現生人類ホモ・サピエンスは，約20万年前にアフリカで誕生し，世界各地に拡散して文化を築いた。
- 氷期に日本列島が大陸と陸続きになり，ナウマンゾウなどが日本列島に渡ってきた。
- 最後の氷期は約1万年前に終わり，ナウマンゾウやマンモスが絶滅した。
- 約7000年前頃までに海水準が急激に上昇し，河川や海岸に沿う低地に海が広がった。河川が運ぶ土砂によって海岸線は海側へ移動し，沖積平野が形成された。

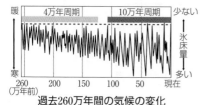

過去260万年間の気候の変化

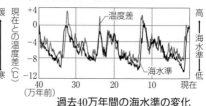

過去40万年間の海水準の変化

1 次の文章中の( )に適する語句を入れよ。

先カンブリア時代の(1)代，地球は水蒸気や(2)が主成分の厚い大気に覆われていたが，(3)代の初めには原始海洋が形成され，(2)は海水に溶けるなどして徐々に大気から取り除かれた。その後，光の届く浅い海に光合成生物である(4)が出現したことによって，大気や海洋中の(5)濃度が徐々に増加した。(4)によって海洋中につくられる石灰質の構造物を(6)といい，約27億〜25億年前以降の地層からも発見されている。

2 次の①〜④の植物を，繁栄した順に並べよ。

① グロソプテリス　② クックソニア　③ メタセコイア　④ ロボク

3 次の(ア)〜(キ)の事項は，①〜④のどの地質時代に特徴的な出来事か，各時代にあてはまるものを記号で答えよ。

(ア) 哺乳類の繁栄　(イ) 恐竜の繁栄　(ウ) 真核生物の出現
(エ) 脊椎動物の陸上進出　(オ) 被子植物の出現
(カ) 人類の出現　(キ) ロボク，リンボクなどの繁栄

① 先カンブリア時代　② 古生代　③ 中生代　④新生代

4 次の(ア)〜(シ)の化石は，①〜⑥のどの時代のものか，あてはまるものを記号で答えよ。

(ア) アンモナイト　(イ) フズリナ　(ウ) ビカリア
(エ) 三葉虫　(オ) カヘイ石　(カ) ストロマトライト
(キ) ヒト(ホモ属)　(ク) トリゴニア　(ケ) マンモス
(コ) クサリサンゴ　(サ) モノチス　(シ) サヘラントロプス

① 先カンブリア時代　② 古生代　③ 中生代
④ 古第三紀　⑤ 新第三紀　⑥ 第四紀

5 次の文章中の( )に適する語句または数値を入れよ。

古第三紀後半に気温の低下が始まり，第四紀に入ると氷期と(1)をくり返す氷河時代となった。大陸内部では乾燥化が進み，イネ科の植物による(2)が増えた。このような環境変動に対応して，哺乳類も進化していった。人類は，樹上生活をしていた(3)類のグループが進化して，(2)で生活するようになったと考えられている。約(4)万年前に最終氷期が終わり，現在まで比較的温暖な気候が継続している。

■■■■■■■■■■■■■■■■■■■■|確|認|問|題|■■■■■■■■■■■■■■■■

169. [知識] 地質時代カレンダー◆地球の歴史46億年を1年間(365日)におきかえて考えたもの
を地質時代カレンダーという。先カンブリア時代の期間は1月1日からいつまでとなるか,
最も適当なものを次の①～⑤から1つ選べ。

① 3月中旬　　② 5月中旬　　③ 7月中旬　　④ 9月中旬　　⑤ 11月中旬

（16　日本大　改）

170. [知識] 地球の歴史◆次の(1)～(8)の文を読み,最もよくあてはまる時代名を,それぞれ紀の
単位で書け。ただし,解答は1つとは限らない。

(1) フズリナ(紡錘虫)が繁栄した時代

(2) 脊椎動物が陸上へ進出した時代

(3) 三葉虫が出現した時代

(4) 三葉虫が絶滅した時代

(5) アンモナイトが絶滅した時代

(6) 日本で採掘された石炭のもととなった森林の大半が形成された時代

(7) ハ虫類の特徴を残す鳥類が出現した時代

(8) カンブリア紀以降で最大規模の生物大量絶滅が起きた時代

（16　福岡教育大　改）

171. [知識] 大気組成の変化◆今から約3億～4億年前,大気中の二酸化炭素濃度は急激に減少
したことがわかっている。その原因として最も適当なものを次の①～④から1つ選べ。

① 気候が寒冷化し,生物の大量絶滅が起きた。

② 海洋でシアノバクテリアが誕生し,酸素をつくり出した。

③ 陸上のシダ植物が大型化し,広大な森林を形成した。

④ オゾン層が発達し,生物が陸上に進出し始めた。

（17　千葉大　改）

172. [知識] 人類の進化◆次の図a～cは,現生のヒト(ホモ・サピエンス)以外の人類の頭骨(成
人)を,同じ縮尺で示したものである。これらを出現時期の古いものから順に並べよ。

a　　　　　　　b　　　　　　　c

（18　センター試験追試）

例題
解説動画

例題31　地質時代と出来事 [知識]　　　　　　　　　　→問題 174, 175, 183

次のA～Kの出来事は，以下のどの時代に分類されるか。番号①～④の中からそれぞれ1つずつ選べ。ただし，同じ番号を重複して選んでもよい。

A　トリゴニアやイノセラムスの繁栄　　　　B　カヘイ石やビカリアの繁栄
C　筆石，四射サンゴ，フズリナの繁栄　　　D　ロボク，リンボクなどシダ植物の繁栄
E　花が咲く植物の出現　　　　　　　　　　F　無顎類の出現
G　シアノバクテリアの出現，ストロマトライトの形成
H　バージェス動物群・澄江動物群に代表される生物の爆発的な進化
I　草原の出現，カモシカ，ウマなど草食獣の繁栄
J　地球全体が氷で覆われた全球凍結　　　K　インド亜大陸がユーラシア大陸に衝突
　　①　先カンブリア時代　　　　②　古生代　　　　③　中生代　　　　④　新生代

(07　東北大, 18　大阪市立大　改)

■考え方　A：中生代の示準化石。B：新生代の示準化石。C：古生代の示準化石。D：石炭紀に大森林をつくった。E：被子植物の出現はジュラ紀。F：最初の脊椎動物，魚類につながる動物のなかま。G：シアノバクテリアの出現は，先カンブリア時代の原生代である。H：それぞれカンブリア紀中期・前期の生物。I，K：古第三紀中頃には，ヒマラヤ造山運動が始まり，大陸の内部は乾燥化していった。イネ科の植物による草原が広がり，哺乳類も環境の変化に対応して進化した。J：全球凍結は，少なくとも原生代初めと末期に起きたことがわかっている。

■解答　A　③　　B　④　　C　②　　D　②　　E　③　　F　②
　　　　G　①　　H　②　　I　④　　J　①　　K　④

例題32　大気の変遷 [知識]　　　　　　　　　　→問題 173, 181

図は地球が形成されてから現在までの46億年間の大気の歴史である。a～dの曲線は，現在の大気の主要な4成分（水蒸気を除く）が，時代とともにどのように変化してきたのかを概念的に示している。

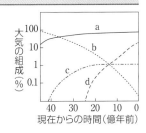

(1)　曲線a～dについて，対応する気体を次からそれぞれ選べ。
　　窒素　　酸素　　アルゴン　　二酸化炭素
(2)　曲線bやdが大きく変化する原因となった生物の活動を答えよ。
(3)　曲線dが大きく変化した結果，海底に形成された地層を答えよ。(10　岡山理科大　改)

■考え方　(1)　aは現在最も多い成分で，化学的に比較的安定なため変化が小さい。bは原始大気で最も多い成分。海水に吸収され，生物の活動でCaCO₃などに固定された。cは地球内部から徐々に放出され，現在3番目に多い。
　　　　(2)(3)　dは25億年前頃から光合成生物によって形成され，現在2番目に多い。また，酸素が海水中の鉄イオンと反応して生じた大量の酸化鉄が，海底に沈殿した。

■解答　(1)　a　窒素　b　二酸化炭素　c　アルゴン　d　酸素　　(2)　光合成
　　　　(3)　縞状鉄鉱層

第5章　生物の変遷と地球環境

知識

173. 先カンブリア時代の環境●グリーンランド南部にみられる約38億年前の岩石は，当時の地球に，すでに海が存在していた証拠と考えられている。

(1) この岩石とその形成過程として最も適当なものを，次の①〜④の中から1つ選べ。

① 海洋プレート(海底)の上部を構成している玄武岩

② 深海底の堆積物が圧縮され固結して形成された石灰岩

③ 浅海底の堆積物が圧縮され固結して形成されたチャート

④ 溶岩が水中に流れ出ることで形成された枕状溶岩

(2) 原始大気・海洋について述べた文として誤っているものを，次の①〜④から1つ選べ。

① 原始大気の主成分は，水蒸気，二酸化炭素，窒素，酸素などである。

② 原始大気中の水蒸気が凝結して雨として地表に降り，原始海洋が形成された。

③ 原始大気中の二酸化炭素が原始海洋に溶け込んだことで，地表の温度は低下した。

④ 原始大気から温室効果ガスが取り除かれたため，窒素が大気の主成分となった。

(21 共通テスト 改)

知識

174. 先カンブリア時代の生物●次の各問いに答えよ。

(1) 太古代(始生代)と原生代の境界は，約25億年前である。太古代末期(約27億年前)に起こった重要な出来事は何か。最も適切なものを，次の①〜④の中から1つ選べ。

① 多細胞生物の出現　　②　シアノバクテリアという光合成生物の出現

③ 核膜をもつ真核生物の出現　　④　核膜をもたない原核生物の出現

(2) (1)の生物の活動によって，浅い海に形成されたドーム状の構造物を何というか。

(3) (1)の生物の活動の結果，25億〜20億年前頃に世界に広く堆積した地層から，私たちの日常生活に欠かせない鉱物資源が得られている。この物質を元素名で答えよ。

(4) 先カンブリア時代の終わり頃(約6億年前)の地層からは，硬い殻や骨格をもたない原始的な構造を示す多細胞生物の化石が発見されている。この生物群の名称を答えよ。

(16 琉球大 改)

知識

175. 顕生代の出来事●次の(1)〜(6)の文を読み，以下の各問いに答えよ。

(1) 地球上にはじめて硬い殻や歯などの組織をもつ生物が現れた。

(2) 魚類から両生類へと進化し，脊椎動物がはじめて陸上に進出した。

(3) インド大陸が移動し，アジア大陸に衝突したことでヒマラヤ山脈が形成された。

(4) 陸上植物が大型化し，水辺で大森林を形成した。

(5) 地球環境がとても温暖で，その環境下でハ虫類が陸上・海洋・空に繁栄した。

(6) 地球上の大陸が1つになり，パンゲアが形成された。

問1　(1)〜(6)について，年代の古い順に並べよ。

問2　(1)〜(6)の時代に繁栄していた古生物を，次の①〜⑨からそれぞれ1つずつ選べ。

① トリゴニア　　②　クックソニア　　③　イクチオステガ

④ フウインボク　　⑤　クサリサンゴ　　⑥　アノマロカリス

⑦ グロソプテリス　　⑧　筆石　　⑨　カヘイ石　　　(10 北海道大 改)

思考

176. 地球の歴史 ●Aさんは子どもの頃から化石に興味があり，小学生のときには化石の発掘体験に参加したことがある。高校生になったある日，さまざまな化石が展示してある博物館を見学した。この博物館には，地質時代の区分ごとに化石が展示されている。

問1　Aさんが小学生のときに見つけた化石は，約1000万年前のサメの歯の化石であった。同じ時代の化石を見学するためには，Aさんはどの地質時代の展示室に行けばよいか。最も適切なものを次の①～⑤の中から1つ選べ。

　　①　カンブリア紀　　　②　デボン紀　　　③　ペルム紀
　　④　ジュラ紀　　　　　⑤　新第三紀

問2　Aさんは白亜紀の化石の展示室に入った。この展示室で見学できない化石を，次の①～⑤の中から**2つ**選べ。

　　①　アンモナイト　　　②　フズリナ　　　③　イノセラムス
　　④　ティラノサウルス　⑤　デスモスチルス

問3　Aさんは地質時代の古い順に見学した。次の①～④をAさんが見た順に並べかえよ。
　　①　フデイシ　　②　エディアカラ生物群　　③　トリゴニア　　④　ヌンムリテス

（20　福島大　改）

知識

177. 大量絶滅 ●図は各地質年代における生物の種類（科）の数の変遷を表したものである。時代とともに生物数が増加するだけでなく，ある時期に生物の種類が急激に減少する大量絶滅が起こったと考えられる。最大規模の大量絶滅は，①ペルム紀末に起こった。この絶滅では海に生息する無脊椎動物の9割以上の種類が絶滅したと考えられている。さらに，②白亜紀末にも大量絶滅が発生した。これについては諸説あるが，③巨大隕石の衝突によって地球表層環境が乱されたことが原因と考えられている。

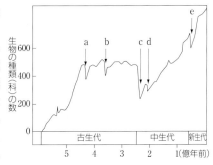

問1　下線部①の絶滅は図中のa～eのどれか。また，このときに絶滅した古生物を次の選択肢から選べ。

　　〔選択肢〕　ビカリア　　　アンモナイト　　　三葉虫　　　アノマロカリス

問2　下線部②の絶滅は図中のa～eのどれか。また，このときに絶滅した古生物を問1の選択肢から選べ。

問3　下線部③の証拠として**適切でない**ものを，次の(ア)～(オ)の中から**2つ**選べ。

　　(ア)　大気や海洋の成分の急激な変化によって形成された縞状鉄鉱層
　　(イ)　近隣の地層に保存された津波堆積物
　　(ウ)　広域にわたって地層に保存された，地殻にはほぼ含まれない物質の濃集層
　　(エ)　世界各地から産出する化石燃料の石油
　　(オ)　メキシコのユカタン半島沖に残されたクレーター

（09　岡山理科大，17　新潟大　改）

178. 新生代●(A)古第三紀は中生代から引き続き（　ア　）な時代で，陸上では絶滅した恐竜などの大型ハ虫類に代わって（　イ　）類が台頭した。この時代にインド亜大陸が北上し，アジア南縁部に衝突した。その結果，衝突境界には（　ウ　）山脈やチベット高原が形成された。新第三紀の中頃，日本の主部はアジア大陸から離れて南に移動し，大陸との間に（　エ　）海が形成された。この時代の後半（約700万年前）には，(B)最も原始的な人類がアフリカで出現した。第四紀になると，気候の寒冷化は顕著になり，寒暖の周期的なくり返しが生じた。

問1　文章中の（　ア　）〜（　エ　）に適する語句を入れよ。ただし，（　ア　）には「温暖」もしくは「寒冷」のどちらかの語が入る。

問2　下線部(A)について説明した文として誤っているものを，次の①〜④から1つ選べ。
　　①　北海道や九州には，この時代の石油が分布している。
　　②　樹上生活を送る霊長類が出現した。
　　③　石灰質の殻をもつ大型有孔虫が，この時代の石灰岩から多産する。
　　④　ケイソウなどのプランクトンが繁栄し，示相化石として用いられている。

問3　下線部(B)の化石人類の名称として最も適当なものを，次の①〜⑤から1つ選べ。
　　①　アルディピテクス・ラミダス　　　②　アウストラロピテクス・アフリカヌス
　　③　ホモ・ハビリス　　　　　　　　　④　サヘラントロプス・チャデンシス
　　⑤　アウストラロピテクス・アファレンシス　　　　　　　　（19　福岡大　改）

179. 氷河時代●第四紀の中でも，最近の100万年間は約10万年の周期で氷期と間氷期がくり返されてきたことが特徴である。氷期には地球は（　ア　）し，北半球においては大陸の上に大規模な（　イ　）が形成された。一方，間氷期には地球は（　ウ　）し，北半球の大陸（　イ　）が溶けた。

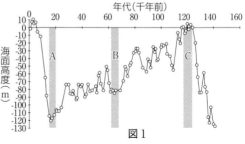

図1

　最後の氷期から現在までを後氷期と呼んでおり，氷期から後氷期に移り変わるときには，海水量は急速に（　エ　）し，沿岸部にはおぼれ谷がつくられた。

(1)　文章中の空欄に適する語を次の①〜⑧からそれぞれ選べ。
　　①　氷河　　　②　砂漠　　　③　増加　　　④　減少
　　⑤　温暖化　　⑥　熱帯化　　⑦　寒冷化　　⑧　砂漠化

(2)　図1は過去約14万年間の海面変化を示している。氷期と間氷期の最盛期はそれぞれ約何万年前か答えよ。

図2

(3)　図2は図1のA〜Cのいずれかの時期における日本付近の海岸線の位置を示している。その時期はいつか，A〜Cの記号で答えよ。また，当時の海岸線の高度を図1から読み取り，現在の海面を0mとして，海抜約何mか答えよ。　　　　　（09　首都大学東京　改）

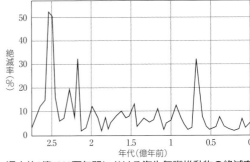

発展問題

180. 思考 論述 **生命の出現と大量絶滅** 次の文章を読み，以下の各問いに答えよ。

地球は約46億年前に誕生したが，すぐには生命の誕生には至らなかった。現在認められている最古の化石は約（　イ　）億年前の微生物のものである。細胞の中に核をもつ（　ロ　）生物が出現したのは原生代前期と考えられている。

今から約5億4千万年前を境に_①化石の産出が急増するようになるが，それらはすべて無脊椎動物の化石である。また，初めて脊椎動物の化石が産出するのは（　ハ　）紀末であり，脊椎動物が陸に上がったのは（　ニ　）紀と考えられている。

古生代以降の地球の歴史において，多数の種類の動物が_②短い時間に地球上から姿を消したことがある。これを大量絶滅という。現在までに5回の大量絶滅が知られており，その中で最も大きなものが_③ペルム紀末の大量絶滅である。

右図は，過去2億7000万年間の海生無脊椎動物の絶滅の変遷を示している。縦軸は，各年代での海生無脊椎動物の絶滅率を示しており，絶滅の規模を読み取ることができる。

過去約2億7000万年間における海生無脊椎動物の絶滅率

絶滅率はそれぞれの年代において，絶滅率（%）＝ $\frac{絶滅した属の数}{すべての属の数}$ ×100で計算されている。属とは生物分類の単位の1つである。

(1)　（　イ　）〜（　ニ　）に適切な数値や語句を答えよ。

(2)　下線部①の理由を，殻に着目し，25字以内で簡潔に答えよ。

(3)　下線部②には「短い時間」とあるが生物の大量絶滅にかかる時間はどのくらいか。次の①〜⑤のうちから，最も適切なものを1つ選べ。

　①　1年間　　②　100年間　　③　1万年間　　④　100万年間　　⑤　1億年間

(4)　下線部③の大量絶滅で地球から姿を消したものを以下の語群から1つ選べ。

〔語群〕　イノセラムス　　　カヘイ石　　　　　ストロマトライト
　　　　　フズリナ　　　　　トリゴニア　　　　サンゴ

(5)　図にもとづき，海生無脊椎動物の絶滅について述べた文として最も適当なものを，次の①〜④のうちから1つ選べ。

　①　ビカリアが繁栄していた時期では，絶滅率が10%を超えたことはない。

　②　最古の人類が出現した時期に，絶滅率が30%を超えた。

　③　絶滅率が25%を超えた時期は，全球凍結が起こった時期とほとんど一致している。

　④　アンモナイトが完全に絶滅した時期と三葉虫が完全に絶滅した時期では，海生無脊椎動物の絶滅率はほぼ同じである。

（10　弘前大，16　センター試験本試　改）

181. 顕生代の大気の変遷

図は，顕生代における大気中の酸素・二酸化炭素濃度の変化を示している。

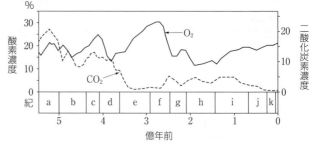

二酸化炭素濃度は，現在を1とした場合の比。

(1) c紀後期には陸上植物が誕生した。この時期に生物の陸上進出を可能にした環境変化を，b紀～c紀にわたる大気中の酸素濃度の変化と関連付けて40字程度で説明せよ。

(2) e紀後期～f紀前期にかけては，大気中の酸素濃度が高い。e紀の名称を答えよ。また，この時期に繁栄していた植物として最も適当なものを，次の①～④から1つ選べ。

① 被子植物　　② 裸子植物　　③ シダ植物　　④ コケ植物

(3) f紀後期には，大気中の二酸化炭素濃度が上昇した。f紀の名称を答えよ。また，二酸化炭素濃度が上昇した原因として最も適当なものを，次の①～⑤から1つ選べ。

① 動物の増加　　② 火山噴火　　③ 産業革命
④ 隕石衝突　　⑤ 全球凍結

(17　弘前大　改)

思考

182. 地質と地史

図は，ある露頭を南から見たスケッチである。それぞれの地層には，下から上に向かって①～⑥の番号を付している。

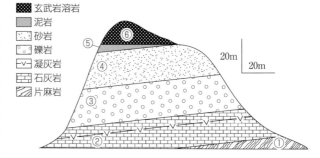

①の片麻岩からは2億年前の年代値が得られ，②の石灰岩にはさまれる凝灰岩からは1億6000万年前の年代値が得られた。③の礫岩からはデスモスチルスの歯の化石が見つかり，⑤の泥岩からはビカリアの化石が見つかった。④の砂岩の内部には級化層理がみられ，単層内で③よりも⑤に近い部分の粒径の方が小さかった。⑥の玄武岩からは250万年前の年代値が得られた。なお，泥岩は熱変成を受けていない。

問1　②の石灰岩では，これにはさまれる凝灰岩の5m下位から化石が見つかった。この化石として可能性のないものを，次の(ア)～(オ)からすべて選べ。

(ア) フズリナ　　(イ) アンモナイト　　(ウ) 三葉虫
(エ) トリゴニア　　(オ) ヌンムリテス

問2　この露頭には，不整合面が3つあることが確認された。不整合面を「○と○の境界」という形(○は地層の番号①～⑥)で，3つすべて答えよ。

(16　島根大　改)

【知識】

183. 顕生代 ■以下の問いに答えよ。

問1　次の(1)〜(7)の地球生物史の主な事変(生物事変)が起きた時期を，図のA〜Gから1つずつ選び，記号で答えよ。

(1) 陸上植物(クックソニア)の出現　　(2) アンモナイトの絶滅

(3) 恐竜の出現　　　　　　　　　　(4) 哺乳類の爆発的進化

(5) フズリナの絶滅　　　　　　　　(6) 鳥類の出現

(7) バージェス動物群で代表される海洋動物の爆発的進化

問2　問1の(5)の時期の大陸の位置図として最も適当なものを，次の①〜④から1つ選べ。

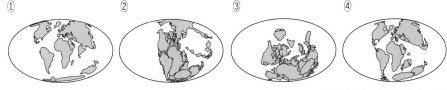

(10　東北大，17　静岡大　改)

【知識】

184. 人類の進化 ■次の文章を読み，以下の各問いに答えよ。

　第四紀は「人類の時代」とも呼ばれ，約(ア)万年前から始まる。第四紀の気候変動は，期間全体を通してのゆるやかな寒冷化と，この傾向に重なる数万年〜数十万年の周期の氷期・間氷期サイクルによって特徴づけられる。最近の80万年間は，約(イ)万年の周期で氷期・間氷期が現れており，最終氷期は約(ウ)万年前に終わった。

問1　文章中の(ア)〜(ウ)に適する数値を入れよ。

問2　人類の進化に関する次の文の正誤を判断し，正しいものは○，誤っているものは，×を答えよ。

(1) 人類が誕生した頃，日本列島はすでにアジアの大陸から離れていた。

(2) 直立二足歩行をする人類には，類人猿と比べて背骨がS字状に曲がっているという特徴がある。

(3) 現生人類は，約20万年前にアフリカで誕生し，世界各地に拡散した。

(4) 人類は，直立二足歩行を始めた最初の種から現生人類に至るまで，一連の系統の中で徐々に変化してきたと考えられるので，絶滅した種はない。

(5) 現生人類にみられる地域ごとの体格や皮膚の色の違いは，異なる系統から世界各地で独立に進化したことを反映している。

(6) 最初の人類は，ホモ属である。

(18　高知大，19　熊本大　改)

11 地球環境の科学

1 地球温暖化

❶近年の温度上昇　地球全体の平均気温は，この100年間で約**0.7℃**以上上昇しており，近年ほど上昇の割合が大きい。二酸化炭素の濃度も近年ほど上昇の割合が大きく，地球温暖化の原因として考えられている。

❷温室効果ガス　二酸化炭素など赤外線を吸収し，地球に温室効果をもたらす気体を温室効果ガスという（→p.62）。気体によって赤外線を吸収する強さが異なり，温室効果はその強さと濃度によって決まる。

　人間活動によって生じた温室効果ガスは，二酸化炭素，メタン，一酸化二窒素，フロンなどがある。そのうち二酸化炭素は，**赤外線の吸収は弱いが濃度が高いため，温室効果をもたらす最大のものである。**

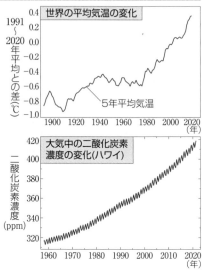

　産業革命以降，化石燃料の燃焼などで大気中の二酸化炭素濃度は上昇している。

❸アルベド（反射率）　地表などの状態の違いによる**太陽放射の反射率をアルベド**といい，これによって，太陽放射の吸収量が変化する。氷河などはアルベドが高いため，反射量が多い。一方，黒い地面（地表）などはアルベドが低いため，吸収量が多く暖まりやすい。

❹地球温暖化の影響

　氷河の減少　高緯度地方の温度上昇で，氷河融解，海面上昇，アルベド低下が起こる。

　海面の上昇　南極など大陸氷河の融解や，水温上昇による海水の体積膨張などが起こる。

　生態系の変化　気温1℃の変化は，気候的には緯度1°（約100km）の移動に等しい。

　極端気象の増加　巨大な台風や，猛暑，干ばつ，集中豪雨，寒波などが頻発する。農作物などにも被害が出るため，人間生活への影響はさらに大きくなる。

❺温暖化防止に向けての取組み　地球規模の取り組みのため，1988年に**IPCC**（「気候変動に関する政府間パネル」）が組織された。1992年に「気候変動枠組条約」が可決され，締結国会議（COP）が，毎年開催されている。2015年，温室効果ガスの排出削減に取り組むパリ協定に196か国が合意した。

❻ヒートアイランド現象　都市部の気温が周辺部よりも上昇する現象をヒートアイランド現象という。地球温暖化と混同されやすいが，しくみは異なる。

　舗装による水の蒸発量の減少，黒いアスファルト（アルベドが低い），人間活動によるエネルギー消費，高層建築の増加で風が流れないなどの原因で**都市部に熱がたまり高温になる。**夏には都市上空で積乱雲が発生し，局地的な集中豪雨を引き起こすこともある。

2 オゾン層の破壊

　成層圏にはオゾン層が存在する。オゾン層が紫外線を吸収することで，生物は陸上へ進出できた。なお，地表付近のオゾンは，光化学スモッグの原因物質の1つでもある。

❶**オゾンホール**　1970年代の後半から，南極上空にオゾン量の少ない部分が発生し，その大きさが年々拡大していることがわかってきた。これは，オゾン層に穴が開いたようになることからオゾンホールと呼ばれる。冬季にできる極域成層圏雲(極域の成層圏が低温になると発生する雲)から春先に塩素が放出され，10月頃になるとオゾンホールが形成される。近年，北極でも確認されている。

❷**オゾン層の破壊**　オゾンはフロンから解離した**塩素原子によって破壊**される。塩素原子1個でオゾン1万個程度が分解される。

　フロンは冷媒や洗浄剤として使用され，20年程度の長期間を経てオゾン層に達する。

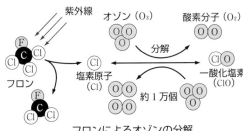

フロンによるオゾンの分解

❸**紫外線の影響**　オゾンは紫外線(UV−C 波長 0.1〜0.28 μm)を吸収した酸素からつくられ，反対に，オゾンが紫外線(主に UV−B 波長 0.28〜0.315 μm)を吸収すると酸素に分解される。このような，成層圏での生成・分解過程で，生物に有害な紫外線はほとんど吸収される。オゾン層の破壊によって影響が出るのは，UV−B 領域の紫外線である。UV−C は酸素によって吸収されており，従来から届いている UV−A(0.315〜0.4 μm)は影響が少ない。

❹**オゾン層の保護**　1985年「オゾン層保護のためのウィーン条約」が結ばれ，地球規模での観測や研究を国際的に行うことが規定された。1987年「**オゾン層を破壊する物質に関するモントリオール議定書**」によってフロンなどの物質の生産・消費が制限された。現在では，CFC(クロロフルオロカーボン)などの**フロンは生産・販売されていない**。その取り組みの結果，近年ではオゾン層は回復の傾向にある。

3 酸性雨

❶**酸性雨**　pH(水素イオン指数)が**5.6以下の雨を酸性雨**という。大気中の二酸化炭素の溶解によって，通常の雨でも pH5.7 までは低下する。そのため，**窒素酸化物(NO$_x$)や硫黄酸化物(SO$_x$)**などの溶解で，それより低い pH になったものを酸性雨と呼ぶ。雨以外にも，酸性霧や酸性雲などの形で現れ，**酸性降下物**と総称される。

❷**酸性雨の影響**　原因物質の発生場所周辺から，**風下側にかけて被害がでる**。湖沼の酸性化や土壌の酸性化により植物や水中生物の生態系が変化し，生物が絶滅することもある。

❸**黄砂，PM2.5**　アジア大陸の砂漠の微粒子が東へ移動してきたものを黄砂，さらに，化石燃料の燃焼などで生じた直径約 2.5 μm 以下の微粒子を**PM2.5**と呼んでいる。どちらも偏西風にのって日本列島に届くことが多く，酸性雨などとともに降下する地域に，大気汚染や健康被害などのさまざまな影響を及ぼしている。

1 次の気体のうち温室効果ガスをすべて選び，記号で答えよ。

(1) 窒素　　(2) 一酸化二窒素　　(3) 酸素　　(4) 二酸化炭素

(5) メタン　　(6) アルゴン　　(7) フロン

2 次の図のア～エの中で，地表付近の二酸化炭素とフロンの一種について，過去250年間の経年変化を示した図をそれぞれ選び，記号で答えよ。

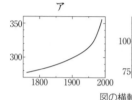 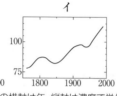 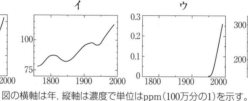 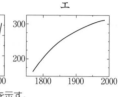

図の横軸は年，縦軸は濃度で単位はppm（100万分の1）を示す。

3 地球温暖化について説明した文章を読み，空欄にあてはまる語句を答えよ。

　地表を覆う氷，雪，森林，草地などの違いによって，太陽放射の反射率は異なる。この太陽放射の反射率を（　ア　）という。北極や南極周辺では，地球温暖化に伴い氷や雪の面積が（　イ　）すると，地表が多くの太陽放射を（　ウ　）するようになり，気温が（　エ　）し，氷や雪の面積がさらに（　イ　）するといった現象の連鎖が起こり，極地方は地球温暖化の影響が顕著に現れやすい。地球温暖化によって海面の上昇が起こることが指摘されている。海面の上昇は，氷河・氷床の融解や，海洋が熱を吸収して海水温が上がり海水が（　オ　）することで生じる。

4 オゾン層に関する次の文章を読み，空欄にあてはまる語句を答えよ。

　オゾンは（　ア　）圏内の地上約25km前後に多く存在する。このオゾンが多くなっているところをオゾン層といい，太陽放射のうち生物に有害な（　イ　）線を吸収している。1970年代になって（　ウ　）に含まれる（　エ　）原子がオゾン層を破壊することが指摘され，1980年代に（　オ　）大陸上空でオゾンホールが確認された。

5 次の文の正誤を判断し，正しいものは○，誤っているものは×と答えよ。

(ア) フロンはオゾン層を破壊するが，地球温暖化には全く影響しない。

(イ) 温暖化によって北極海の氷山が溶けると，海水面が上昇する。

(ウ) 産業革命以降の石炭・石油の燃焼が，地球を温暖化させている。

(エ) 2000年の三宅島での噴火のように，火山から生じる二酸化炭素でも温暖化する。

(オ) 二酸化炭素の濃度は上昇しているが，ここ10年の上昇率は下がってきている。

解答

1 (2), (4), (5), (7)　**2** 二酸化炭素　ア　フロン　ウ

3 (ア)アルベド　(イ)減少　(ウ)吸収　(エ)上昇　(オ)膨張

4 (ア)成層　(イ)紫外　(ウ)フロン　(エ)塩素　(オ)南極

5 (ア)×　(イ)×　(ウ)○　(エ)○　(オ)×

185. 温室効果ガス [知識] ◆二酸化炭素が増加することで起こると考えられる現象として正しいものを，次の①～④から1つ選べ。

① オゾンホールが拡大されていく。

② 北極の海氷が減少することで，氷が溶けた分，海水面が上昇する。

③ 干ばつや巨大な台風などを含む極端気象が多発する。

④ 活火山の火成活動が激しくなる。

186. ヒートアイランド現象 [知識] ◆ヒートアイランド現象を助長すると考えられるものは，次の(1)～(4)のうちどれか。記号で答えよ。

(1) アスファルトなどの舗装をやめ，土の道路にする。

(2) 都市部を移動するときには，できるだけ自動車を利用する。

(3) 風の通り道ができるように，ビルの建て方を考える。

(4) 頻繁に打ち水を行う。

187. オゾン層の破壊 [知識] ◆以下の図は，オゾン層の破壊に関する化学反応の模式図である。○印は元素1個に対応し，色や模様はその種類を示す。黒の●印の元素は何か，元素記号で答えよ。

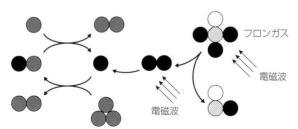

フロンガス

電磁波

電磁波

(20 北海道大 改)

188. 地球環境の変化 [知識] ◆人間活動の影響ではなく，自然現象であると考えられている現象を記述した文として最も適当なものを，次の①～④から1つ選べ。

① 1900年代の半ば以降，地球全体の平均気温はそれまでに比べて急激な上昇を示しており，氷河の後退や海面の上昇が起こっている。

② 近年，南極上空でオゾン濃度の著しく低い部分が生じ，地上に到達する紫外線が増加している。

③ 窒素酸化物などが溶け込んだ酸性度の高い雨が降ることによって，世界各地の植生や建造物に大きな影響を与えている。

④ 太平洋赤道域の東寄りの海域で，数年に一度海面水温が高くなり，それに対応して降雨の分布が変化するという現象が起こっている。

(15 センター試験本試)

例題33　二酸化炭素　知識
⮕問題 189，191

　二酸化炭素は（　ア　）を透過させるが，（　イ　）を吸収する性質をもつ気体である。このような性質をもつ気体として，ほかに，（　ウ　），水蒸気，フロンなどがある。大気中の二酸化炭素濃度は，産業革命以降，急速な増加を続けており，環境に大きな影響を及ぼす可能性が指摘されている。

(1)　文章中の空欄（　ア　）～（　ウ　）にあてはまる語を，次の①～④のうちからそれぞれ選べ。

　　①　赤外線　　　②　可視光線　　　③　窒素　　　④　メタン

(2)　文章中の下線部に関連して，現在の大気中の二酸化炭素濃度は，およそ何 ppm か。最も適当な数値を，次の①～⑤のうちから１つ選べ。

　　①　200　　　②　300　　　③　400　　　④　500　　　⑤　600

(3)　文章中の下線部に関連して，二酸化炭素濃度の増加に伴って起こりうる環境の変化について述べた文として最も適当なものを，次の①～④のうちから１つ選べ。

　　①　海水の蒸発が盛んになるため，海面水位が低下する。

　　②　降水分布の変化のため，中緯度の山岳氷河が発達する。

　　③　大気中の酸素濃度が減少するため，オゾンホールが発達する。

　　④　気温上昇や降水分布の変化のため，植生が変化する。　　(06　センター試験本試)

▎考え方　　温室効果ガスは可視光線を吸収しないが，赤外線を吸収する。メタンの温室効果は，水蒸気，二酸化炭素に次いで３番目に影響が大きい。ppm は百万分率なので，１％は１万 ppm であり，二酸化炭素の濃度は0.041％である。温室効果によって気温が上昇し，降水の分布も変化するので，植生などの環境が変化する。

▎解答　　(1)　ア　②　　イ　①　　ウ　④　　　(2)　③　　　(3)　④

例題34　オゾン層　知識
⮕問題 192

　太陽からの紫外線を吸収し，成層圏の大気を暖める効果をもつ気体について，次の各問いに答えよ。

(1)　この気体の名称を答えよ。

(2)　この気体を分解してしまうために，製造が規制されている物質の名称を答えよ。

(3)　1970年代後半以降，この気体の濃度が極端に低く，穴が開いたような領域が観測されている場所として最も適当なものを，次の①～③のうちから１つ選べ。

　　①　赤道地域　　　②　中緯度地域　　　③　極地域　　　(19　長崎大　改)

▎考え方　　(1)　成層圏にはオゾン層があり，太陽から放射される紫外線を吸収している。その吸収によって，周りの大気が暖められるため，成層圏では，高度が上がるほど気温が高くなる。(2)　冷媒などに使われていたフロンに紫外線が作用して塩素原子を生じ，塩素原子によってオゾンが破壊される。(3)　冬季に形成される極域成層圏雲から，春先に塩素原子が放出されることで，南極や北極の上空にオゾンの量が極端に少ないオゾンホールが発生する。

▎解答　　(1)　オゾン　　　(2)　フロン　　　(3)　③

基|本|問|題

189. [知識] **地球温暖化** ● 温暖化に関する次の文章を読み, 以下の各問いに答えよ.

地球の気候は, 太陽活動, 火山活動, 温室効果ガス[(a)], 海流の変化などの影響を受け, 寒暖をくり返す。右図は, 日本の年平均地上気温の経年変化である。5年間の平均値の変化(太線)[(b)]を見ると, 期間Iと期間IIのように気温の上昇傾向が鈍っていた時期もあるが, 100年間の長期変化傾向を示す直線は温暖化の傾向を示している。化石燃料の代替エネルギーの利用が促進されているものの, 長期的には今後のさらなる温暖化が危惧されている[(c)]。

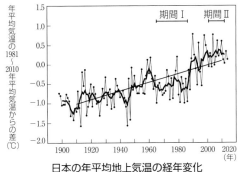

日本の年平均地上気温の経年変化

各年の年平均値の変化を細線で, その年を中心とする5年間の平均値の変化を太線で示す。また, 直線は100年間の気温上昇の傾向を示し, その傾きは気温上昇率を表す。

問1 下線部(a)に関連して, 水蒸気とメタンについて, それぞれ, 温室効果ガスなら○, 温室効果ガスにあたらないなら×を答えよ。

問2 下線部(b)について述べた次の文a・bの正誤を答えよ。

　a　20世紀を通して宇宙空間へ放射される地球放射が増え続けた結果, 温暖化傾向となった。

　b　温暖化が鈍った期間(I, II)は, 代替エネルギー利用の促進や原子力発電所の増加によって, 地球大気中の二酸化炭素濃度が減少した。

問3 下線部(c)に関連して, 仮に2010年以降の気温上昇率が, 図の直線の傾きの2倍になるとすると, 2060年には, 2010年よりも何度気温が上がると考えられるか。最も適当な数値を, 次の①〜④のうちから1つ選べ。

　① 1.1℃　　② 3.3℃　　③ 5.5℃　　④ 7.7℃

(17　センター試験本試　改)

190. [知識] **自然現象** ● 気象現象や気候変動は, しばしば地球上の生命や人間の活動に大きな影響を及ぼす。この気象現象や気候変動に関して述べた文として最も適当なものを, 次の①〜④のうちから1つ選べ。

① 台風のエネルギー源は, 暖かい海から蒸発した大量の水蒸気が凝結して雲となるときに放出される潜熱である。

② エルニーニョ(エルニーニョ現象)は, 大西洋の赤道域で発生する。

③ 海洋の平均水温と平均水位は, 地球温暖化にもかかわらず, 最近数十年間で低下し続けている。

④ 第四紀の氷期は, 地球の歴史のなかで最も寒冷であると考えられている。

(19　センター試験追試)

思考

191. 気温の変化 ●次の文章を読み，問いに答えよ。

都市Xの7～8月の1時間ごとの気温の平均値を表したものを右図に示す。この図に示された平均気温(以下，気温)の特徴や変化として適当なものを，次の①～⑤のうちから**2つ**選べ。

① 2000年代前半には，1日のうち気温が28℃以上となる時間の長さが1980年代前半の5倍以上になった。

② 1980年代前半の午後3時の気温は，2000年代前半の午後6時の気温にほぼ等しい。

③ 気温の最高値を記録しているのは，1980年代前半でも，2000年代前半でも南中時刻である。

④ 1980年代前半の午前5時の気温は，2000年代前半の午前5時にほぼ等しい。

⑤ 1日の気温の最高値と最低値の差を，1980年代前半と2000年代前半とで比べると，その違いは1℃以下である。

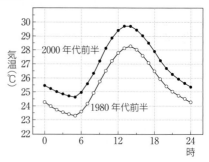

出典：野上道男編『環境理学—太陽から人まで—』より改変

○：1980年代前半(1980～1984年)の平均値
●：2000年代前半(2000～2004年)の平均値

(12　センター試験本試　改)

知識

192. 地球環境の変化 ●次の文章を読み，以下の各問いに答えよ。

地球環境問題には，酸性雨，地球温暖化のほかに，次に示すようなオゾン層に関連する問題が存在している。1920年代に発明された(ア)類は，安定した化学物質であるうえに無害であったため，冷媒，洗浄剤などに利用された。1970年代には，成層圏に達した(ア)類と(イ)との反応で塩素原子が放出され，これがオゾン層を破壊するのではないかと警告された。1980年代に入り，(ウ)極でオゾン全量の急激な減少が発見された。このオゾン全量が極端に少ない領域は(エ)と呼ばれるようになった。オゾン層は破壊されると，地表に届く有害な(イ)が増加し，人間には，皮膚がん等の病気の発症や免疫機能の低下といった影響があるといわれており，その後，オゾン層保護のための施策が実施されている。1990年代に入ると(オ)圏での(ア)濃度の増加はやみ，その後は減少に転じている。

(1) (ア)～(オ)にあてはまる語句を答えよ。

(2) オゾンの化学式を答えよ。

(3) 酸性雨に関連する次の文(a)～(e)のうち，**誤っているもの**を1つ選べ。

(a) pH値が7であれば，中性である。

(b) 酸性雨の主な原因は，大気中に排出された窒素酸化物や硫黄酸化物である。

(c) 石炭や石油には硫黄酸化物が数%程度含まれ，自動車等の排出ガスには窒素酸化物が含まれている。

(d) 大気中の二酸化炭素が溶け込むため，降水は通常弱いアルカリ性である。

(e) pH値が5.6以下となるような酸性度が高い雨を酸性雨という。

(17　弘前大　改)

発展問題

193. 二酸化炭素 ▨ 以下の各問いに答えよ。

知識

問1　1950年代から近年までの，大気中の二酸化炭素濃度の推移を示した図(a)には，ハワイと南極大陸における観測結果が示されている。地球規模の環境変化を解明する観測地点として，この2地点が選ばれた理由として最も適切なものを，次の①～④のうちから1つ選べ。

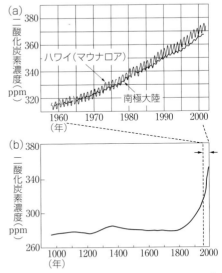

① それぞれ熱帯気候と寒帯気候を代表する地点であるから。

② 人口密度が対照的な地域を比較する上で適切な地点であるから。

③ 都市活動に伴う地域規模の影響を除外できる地点であるから。

④ 海洋に囲まれた条件の中では，陸域面積の差が大きい地点であるから。

問2　過去1000年間における大気中の二酸化炭素濃度を示した図(b)では，1800年代から著しい上昇傾向が認められる。この理由として適切なものを，次の①～⑤のうちから1つ選べ。

① オゾン層の破壊　　② エルニーニョ現象の頻発　　③ 化石燃料の消費

④ ヒートアイランド現象の顕在化　　⑤ 降雨の酸性化

(12　日本大　改)

194. 人間活動と環境問題 ▨ 図は，都市Xと都市Yにおける年平均気温の変化とその長期的変化を示したものである。以下の各問いに答えよ。

思考

問1　図のように，周辺部よりも都市部の気温が上昇する現象を答えよ。

問2　都市XとYの都市化の進み方を比べる項目として適当でないものを，次の①～⑤のうちから1つ選べ。

① 両都市の面積に占める農地の面積の割合

② 両都市の人口密度

③ 両都市の日の出から日の入りまでの時間

④ 両都市の面積に占める舗装道路の割合

⑤ 両都市の面積に占める高層ビルの建築面積の割合

(12　センター試験本試　改)

12 | 日本の自然環境

1 自然の恩恵

❶自然エネルギー　日本は周囲を海に囲まれ，大量の雨や雪が降る。豊富な降水は，飲料水などの水資源だけでなく，水力発電にも利用される。季節風による風力発電や，日射による太陽光発電，火山のマグマによる熱を利用した地熱発電など，自然エネルギーの活用も年々増している。火山の熱によって湧き出す温泉は，観光のみならず，融雪や温室などにも利用されている。

❷地下資源　日本では，過去の火山活動によって金などの金属資源に恵まれているが，経済的な理由からほとんど採掘していない。近年，日本近海から，マンガン団塊やメタンハイドレートなどの資源も発見され，今後の活用が期待されている。

2 季節の変化

❶気団　大陸や海洋では，気温や湿度などの性質が一様な空気のかたまりができる。これを気団という。日本付近の気団は以下のようになっている。

対応する高気圧	性質	日本への影響
シベリア高気圧	寒冷・乾燥	冬に北西の季節風をもたらす。
オホーツク海高気圧	寒冷・湿潤	梅雨期に出現し，東北日本に低温で湿潤な風をもたらす。
太平洋高気圧	温暖・湿潤	夏に日本列島を広く覆い，蒸し暑い天気をもたらす。

シベリア気団　オホーツク海気団　小笠原気団

❷四季の天気の移り変わり

　冬　冷たく乾燥したシベリア気団の勢力が強く，日本の東海上に低気圧が発達すると，等圧線が南北に伸びて並ぶ西高東低の気圧配置（冬型）となり，日本海側に豪雪をもたらすことがある。

　冬の終わり，シベリア気団が弱まり，温帯低気圧が日本海で発達しながら東へ進むと，低気圧の中心に湿った暖かい南風が吹き込む。立春を過ぎて，最初に吹く南寄りの強い風を**春一番**という。この風が吹くと気温が上昇するため雪崩が生じて，災害を起こすことがある。

　春　4〜5月にかけて，日本付近を西から東へ移動性高気圧と温帯低気圧が交互に通過する。移動性高気圧による晴天は長くは続かず，温帯低気圧が通過して雨や曇りとなり，天気は周期的に変化する。

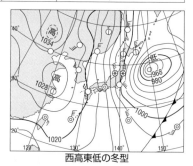

西高東低の冬型

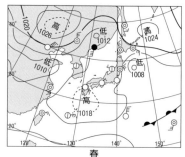

春

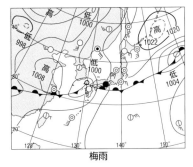

梅雨

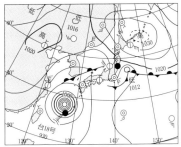

南高北低の夏型

| 梅雨 | 春から夏に移る時期，オホーツク海気団と小笠原気団の勢力が互いに増し，その境界線上に停滞前線（梅雨前線）が形成され，その前線上を低気圧が移動するなど，活動が活発になると集中豪雨が発生することがある。

| 夏 | 小笠原気団の勢力が増し，梅雨前線が北上して梅雨が明け，太平洋高気圧が日本を覆うと，晴天が続いて蒸し暑い日が続く。

| 秋 | 小笠原気団の勢力が衰えると，大陸やオホーツク海から寒気団が南下し，小笠原気団との境界に形成される秋雨前線が停滞する（秋雨）。台風の接近も多く，暖かく湿った空気が供給され豪雨になることもある。台風の時期を過ぎると，移動性高気圧による周期的な天気の変化があり，そのあと季節は冬へと移っていく。

3 気象災害と防災

❶**集中豪雨**　同じ場所に数時間以上にわたって大量の雨が降る現象を集中豪雨という。その多くは，停滞前線などに湿った空気が入り，同じ場所に積乱雲が次々と形成されることが原因である。河川の急激な増水などが起こり，災害が発生する。

❷**台風**　太平洋北西部で発生した熱帯低気圧で**最大風速が約17m/s以上**に発達したものを台風という。台風は，低緯度では貿易風によって西に流されながら北上するが，中緯度では偏西風によって太平洋高気圧の縁に沿って北東へ進路を変える。

台風と停滞前線

　日本には夏から秋にかけて接近，上陸することもあり，強い風と大量の雨による被害をもたらす。さらに，海岸では，気圧の低下による吸い上げと海水の吹き寄せによって，海面が上昇する高潮が起こる。

❸**土砂災害**　日本は，山地が多く降水量も多いので，大規模な土砂災害が毎年のように発生する。土砂災害は斜面災害ともいい，代表的なものに次の3種類がある。

がけ崩れ	急斜面で，土砂や岩石が一気に崩れ落ちる現象。	集中豪雨や大地震のあとに，多く発生する。
地すべり	広い範囲で大量の土砂や岩石が移動する現象。	土砂の移動する速さは，土石流よりも遅いことが多い。
土石流	岩石を含んだ泥水が流れ出し，堆積している土砂や岩石を巻き込んで，高速で流れ下る現象。	大きな岩石を先端部に集め，20〜40km/時の速さで流れ下る。

❹ 地震災害と防災

❶地震動による災害　建造物の倒壊，急斜面の崩壊などの被害が起こる。地震動は，一般に，震源や震源断層からの距離が近いほど大きいが，隣り合う場所でも地盤の性質によって地震動の違いが起こり，被害にも差が生じることがある。都市の直下で発生した地震は，**直下型地震**と呼ばれ，大きな災害をもたらす場合がある。

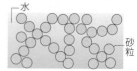

砂粒子が積み重なっている状態

地震などによって，振動が起こる。

- 地震動が地下の硬い地盤からやわらかい地盤へ伝わると，揺れの周期が長く振幅も大きくなる（**長周期の揺れ**）。この揺れと建物とが共振して，建物の揺れが激しくなり，被害が大きくなることがある。このような揺れを**長周期地震動**と呼ぶ。

水が分離して，砂粒が水の中に浮いた状態になる。

- 川や海の近くや埋め立て地など，水を多く含む砂の層では，地震動によって砂粒子が水の中に浮いたような状態になり，泥水のように流動化する**液状化**が起こる。液状化が起こると，建物の倒壊，海岸での護岸の崩壊，泥水が噴き出す噴砂，マンホールの浮き上がりなどが発生する。道路の寸断や停電・断水など，ライフラインに影響を及ぼすこともある。

砂粒が密な状態になり，地盤が沈下する。

液状化のしくみ

❷津波による災害　海洋部で起こる地震では，海底の地盤が，大きく隆起や沈降することによって津波が発生することがある。

津波は，**長い波長の波**で，海面から海底までの膨大な量の海水が動く。深い海底の海域ではその速度が時速数百 km になる。**海岸に近づくと速度は遅くなるが，波高が高く**なり，海水が陸上に流れ込む。海水の流れは，くり返し続き，人を押し飛ばすほどの破壊力がある。特に，湾の奥にいくにつれて波高が増し，港として利用している湾やその周辺では大きな災害が発生する。

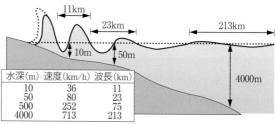

水深(m)	速度(km/h)	波長(km)
10	36	11
50	80	23
500	252	75
4000	713	213

❸過去の地震記録　過去の地震は，古文書などの記録から，地震発生の年や災害の特徴，マグニチュードや震度を推定できる。地層や岩石に残された断層や津波堆積物などからも，古い地震の発生年代や規模などがわかる。過去の地震記録から得られる情報をもとに，最悪の被害を想定して防災計画を立てることが重要である。

❹被害の特徴と防災

(a)地震のタイプと被害の特徴　プレート境界で発生する地震は，マグニチュードが大きいため，広い範囲に被害が及ぶ可能性が高く，長周期の揺れによって巨大建造物が被害を受けることもある。震源が海面下にある場合は，巨大な津波を伴うこともある。

活断層による地震では，震源からの距離が短いため，狭い範囲に大きな被害が生じることがある。発生間隔が長く，日本中どこであっても，未確認の断層が地震を起こす可能性がある。

(b)地震に対する防災

- 建造物に対しては，耐震基準が設けられ，**耐震構造**や**免震構造**が施されている。
- 津波に対しては，**防潮堤**や，高所への避難路の整備がされている。
- 地震発生直後に，震源近くの地震計がとらえたＰ波のデータから震源・マグニチュードを推定し，各地で予想されるＳ波の到達時刻や震度を知らせる緊急地震速報の取り組みが進んでいる。
- 多くの自治体でハザードマップ(災害危険予測図)がつくられ，地震動の最大の大きさや，液状化や津波などの可能性が示されている。これをもとに，避難所までの安全な経路や災害時の準備，家具の転倒防止などの対策を各自で行うことが大切である。
- 過去には，火災によって多大な被害が発生することもあったが，耐震自動消火装置などの普及で，地震直後の火災は減少している。しかし，屋内配線の被害による漏電火災が停電復旧時に発生し，避難による発見の遅れから，大規模火災化するケースもみられる。

５ 火山災害と防災

❶火山の災害

- 火山礫・火山灰の降下では，人への健康被害や家屋の倒壊，農地などへの被害が発生する。大量に降灰した後の雨や，冬季に積雪した山に大量に降灰した場合は火山泥流が発生することもある。
- 高温の火山ガスと火山砕屑物が混じって高速で地表を流動する火砕流が発生し，大きな被害が生じることがある。
- 激しい噴火では，地震，水蒸気爆発，山体の崩壊などを引き起こす。大規模な崩壊では岩なだれ(岩屑なだれ)が発生し，崩壊物が海に流れ込み，**津波**を起こすことがある。
- 大規模な火山噴火では，火山ガスや火山灰が成層圏まで達し，一部はエーロゾル(大気中の液体や固体の微粒子)となって長い間浮遊する。そのため，太陽光が遮られ，世界的な気温低下をもたらすことがある。

❷火山噴火の予測と防災　日本は火山が多く活動も活発なため，火山災害も起こりやすい。

- 活火山のうち，特に活発な活動をする火山は，地震，地殻変動，火山ガスなどが常に観測されている。これらの観測にもとづいて，噴火予報や噴火警報が発表されている。
- 噴火の可能性が高い火山では，ハザードマップがつくられ，どのような災害が起こる可能性があるか予測されている。どこに噴火口ができるかなど，数多い可能性のいくつかを考慮したもので，被害がその範囲に収まることを示すものではない。

1 次の文章中の（　　　）に適当な語句を入れよ。

現在の日本の発電量は圧倒的に火力発電が多いが，20世紀半ばまでは豊富な降水量を利用した（　1　）発電が主力であった。太陽の光を利用した（　2　）発電は，近年増加し，発電量の10％程度を供給するようになった。風を利用した（　3　）発電は，ヨーロッパでは割合が高いが日本では1％程度と低い。

2 次の表は，日本付近の四季の天気に影響を与える気団の特徴をまとめたものである。

気団	発生する場所	対応する高気圧	性質	日本への影響が最も大きい季節
(A)	シベリア大陸	(a)	(ア)	(あ)
(B)	オホーツク海	(b)	(イ)	(い)
(C)	北太平洋中緯度	(c)	(ウ)	(う)

(1) (A)，(B)，(C)の気団名を答えよ。

(2) (a)，(b)，(c)に適当な高気圧名を答えよ。

(3) (ア)，(イ)，(ウ)にあてはまる性質を下から選べ。

{ 低温・湿潤　　低温・乾燥　　高温・湿潤　　高温・乾燥 }

(4) (あ)，(い)，(う)に適当な季節を次から選べ。　{ 夏　　梅雨　　冬 }

3 次の文章中の（　　　）に適当な語句を入れよ。

同じ場所に数時間以上にわたって大量の雨が降る現象を一般に（　ア　）という。（　ア　）は，停滞（　イ　）などに湿った空気が入り込み，同じ場所に（　ウ　）が次々と形成され発生する。

4 次の(1)〜(7)の災害を何と呼ぶか。

(1) 急斜面で土砂や岩石が一気に崩れ落ちる現象。

(2) 大量の土砂や岩石が，急斜面でなくても広い範囲で移動する現象。

(3) 岩石を含んだ泥水が，巨大な岩石を先端部に集め，高速で流れ下る現象。

(4) 地震のとき，水を多く含む砂の層で砂粒子が浮いた状態になり，泥水のように流動化する現象。

(5) 海洋部の地震で発生する，波長の長い波で，海岸部で波高が高くなり，大きな災害を引き起こす現象。

(6) 台風による気圧の低下と強い風によって，海面が上昇する現象。

(7) 高温の火山ガスと火砕物が混ざり，高速で地表を流動する現象。

解答

1 (1)水力　(2)太陽光　(3)風力　　**2** (1) (A)シベリア気団　(B)オホーツク海気団　(C)小笠原気団
(2) (a)シベリア高気圧　(b)オホーツク海高気圧　(c)太平洋高気圧
(3) (ア)低温・乾燥　(イ)低温・湿潤　(ウ)高温・湿潤　(4) (あ)冬　(い)梅雨　(う)夏
3 (ア)集中豪雨　(イ)前線　(ウ)積乱雲
4 (1)がけ崩れ　(2)地すべり　(3)土石流　(4)液状化（液状化現象）　(5)津波　(6)高潮　(7)火砕流

195. 四季の天気◆日本付近の6月によくみられる気象衛星赤外画像の例として最も適当なものを，次の①～④のうちから1つ選べ。

① 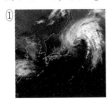　② 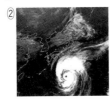　③ 　④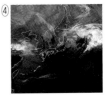

(15　センター試験追試)

196. 気象災害◆日本の沿岸部での自然災害に関する文として最も適当なものを，次の①～④のうちから1つ選べ。

① 海底下での断層運動の開始を事前に予測して，緊急地震速報が発表される。
② 沖合で発生した津波が海岸付近に近づいても，津波の高さは変わらない。
③ 水を多く含んだ砂層では，地震動によって液状化(液状化現象)が起こることがある。
④ 台風が近づくと，気圧の上昇によって海面が異常に高くなることがある。

(16　センター試験本試)

197. 地震災害◆地震災害に関する文として誤っているものを，次の①～④のうちから1つ選べ。

① 大きな地震後に発生する余震による地震動で，災害が発生する場合がある。
② 強い地震波が海中を伝わることで，津波が発生する場合がある。
③ 活断層は，将来活動し災害を発生させる場合がある。
④ 強い地震動によって，がけ崩れ(山崩れ)などの斜面崩壊が発生する場合がある。

(16　センター試験追試)

198. 火山災害◆火山災害に関連した文として誤っているものを，次の①～④のうちから1つ選べ。

① 大規模な火山噴火では，噴煙が成層圏にまで達するので，被害は火山周辺にとどまらず，地球全体の気候が影響を受ける。
② 溶岩流は，地形に沿って流れるため到達範囲の予測をしやすいが，火砕流よりも高速に流下するため，すぐに避難することが難しく危険である。
③ マグマの移動に伴う火山性の地震の増加や地殻の変動をとらえることで，噴火の可能性が高まっていることを知ることができる。
④ 過去の噴火による火山噴出物の分布と，現在の火山の地形をもとにハザードマップがつくられ，将来の噴火災害の軽減に役立っている。

(15　センター試験追試)

例題
解説動画

➡問題201

例題35　四季の天気 [知識]

　右の図は，ある年の1月23日9時の地上天気図である。日本周辺は，西高東低の冬型の気圧配置になっている。図から読み取れる気圧に関連した特徴を述べた文として最も適当なものを，次の①～④のうちから1つ選べ。

① 地点Aの海面気圧は992hPaである。

② 海面気圧は，地点Aの方が地点Bよりも高い。

③ 水平方向の気圧の差によって空気に働く力の大きさは，地点Aの方が地点Bよりも大きい。

④ 地点Aの空気には，水平方向の気圧の差によって南西向きに力が働く。

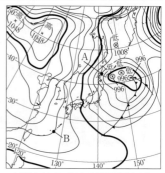

太線は20hPaごとの等圧線を示す。

(19　センター試験本試)

考え方　典型的な冬型の気圧配置では，日本列島付近には南北に密な等圧線が特徴になる。等圧線は4hPaおきに引かれ，太線は20hPaおきに引かれている(低気圧の周りの太線は1000hPa，図中央を南北に通る太線は1020hPa)。等圧線の間隔が狭いほど風は強く吹き，地球の自転のために，風向きは等圧線の傾きの向きよりも右を向く。

①② 地点Aの気圧は1008hPa，地点Bの気圧は1028hPaで，地点Aよりも地点Bが高い。

③ 地点Aでの等圧線の間隔の方が地点Bでの間隔よりも狭い。

④ 地点Aの空気に働く力は南東向きで，北西寄りの風が吹く。

解答　③

例題36　気象災害 [知識]

➡問題203, 204

　梅雨末期など，日本列島に横たわる(あ)前線に対し，(い)高気圧の縁に沿って湿った空気が大量に流入するときに集中豪雨が発生しやすい。集中豪雨によって傾斜地では(う)や(え)などの土砂災害が発生することがある。平野部では(お)が発生する危険があり，早めの避難行動が重要である。

(1) 空欄(あ)・(い)にあてはまる適切な語句を答えよ。

(2) 空欄(う)～(お)にあてはまる災害の名称を下の語群から1つずつ選べ。

　[語群]　高潮　　　　　土石流　　　　河川の氾濫
　　　　　地すべり　　　火砕流　　　　津波

考え方　集中豪雨は，梅雨前線などに南からの暖かい湿った空気(湿舌)が流れ込むときに発生しやすく，積乱雲からなる「線状降水帯」が形成され，大きな被害を及ぼすことがある。急傾斜地では，がけ崩れ(土砂崩れ)や土石流が発生しやすく，地すべりは地下の地層の状態によってそれほど急な傾斜でなくても発生する。高潮は台風に伴う災害，火砕流は火山災害，津波は地震災害である。

解答　(1) あ　停滞(梅雨)　　い　太平洋
　　　　(2) う・え　土石流・地すべり(順不同)　　　お　河川の氾濫

例題37　地震と津波 知識

➡問題205，211

　2004年に発生したスマトラ(スマトラ島)沖地震は，右図の斜線部を震源域とし，プレートAがプレートBの下に沈み込む（　ア　）付近で起こった。2つのプレートの境界面上の震源域も断層とみなせ，この地震は水平方向の圧縮によってプレートBがプレートA上にずり上がるように動く（　イ　）型の地震であった。震源域からは，P波，S波および津波がほぼ同時に発生し，四方八方に伝わった。津波は，震源域から約1000km離れたセイロン島の東海岸に，地震発生後約2時間で到達した。

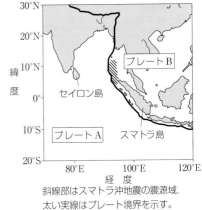

斜線部はスマトラ沖地震の震源域，
太い実線はプレート境界を示す。

(1)　文章中の空欄に入れる語句の組合せとして適当なものを選べ。

① ア　海嶺　イ　正断層　　　② ア　海嶺　イ　逆断層
③ ア　海溝　イ　正断層　　　④ ア　海溝　イ　逆断層

(2)　下線部に関連して，スマトラ沖地震に伴って発生した津波，P波，S波をセイロン島東海岸で観測したとき，これらの波が到着した順番として1番目と3番目を答えよ。

（10　センター試験本試　改）

■考え方　(1)　地震発生時のプレート境界のずれで，上側にある大陸プレートが上昇するので，逆断層型である。(2)　P波（約5～7km/s）が最も速く，S波もそれに続き3～4km/sと速い。津波の速さは問題文から500km/h（約0.14km/s）と求まる。

■解答　(1)　④　　(2)　1番目：P波　　3番目：津波

例題38　火山災害 知識

➡問題207，212

火山災害について述べた文の正誤を答えよ。

① 溶岩流は，高温のマグマが噴出し，時速100km程度で地表を流動する現象である。
② 火砕流は，火山弾や火山灰などがゆっくりと斜面を転落する現象である。
③ 火山灰は，風に乗ると数百km以上の範囲に降り積もる。
④ 火山ガスの主成分である二酸化炭素は人体には無害である。
⑤ ハザードマップには，災害の種類や範囲・時期などが記載されている。

■考え方　①溶岩流は，高温のマグマが噴出し，多くの場合，ゆるやかに流れる。②火砕流は，高温の火山ガスが火砕物とともに高速で地表を流動する現象である。③九州の火山の噴火による火山灰が，東北や北海道などからも発見されている。④火山ガスの主成分は水蒸気と二酸化炭素だが，凹地などにたまった二酸化炭素の中で窒息する事故が発生することがある。⑤ハザードマップには災害ごとの被害の範囲を予測して記載しているが，発生の時期は予測不可能である。

■解答　① 誤　　② 誤　　③ 正　　④ 誤　　⑤ 誤

知識

199. 地下資源●次の文章を読み，空欄にあてはまる適当な語句を答え，問いに答えよ。

　（　あ　）岩はセメントなどの原料として採掘され，国内自給率100％となる数少ない地下資源の１つである。これらは，古生代や中生代に（　い　）などの生物が大洋の島などで礁を形成したものが，（　う　）の運動によって日本列島に付加したものである。（　あ　）岩体がマグマと接触すると（　え　）になるが，その周辺には金属鉱床が形成されることも多い。

問　日本近海の海底から採掘が期待される燃料資源は，次の①〜④のうちどれか。

　①　水素　　　　②　メタン　　　　③　プロパン　　　　④　ブタン

知識

200. 自然環境●日本は豊かな自然をもち，私たちは豊富な水，温泉，地下資源などの恩恵を受けている。この自然からの恵みについて述べた次の文 a 〜 c の正誤を答えよ。

a　日本列島はプレートの収束境界に位置する造山帯であり，その気候が温暖湿潤であるため，急傾斜で流量の多い河川が数多く存在し，水力発電に利用されている。

b　火山の周辺では，マグマの影響によって地下浅部まで高温であり，この熱エネルギーを蒸気や熱水として取り出し，地熱発電が行われている。

c　日本周辺の海底では，火山活動に伴って熱水が噴出しており，この熱水に含まれる有用成分が沈殿したものは，化石燃料として利用されている。　　（15　センター試験本試）

知識

201. 四季の天気●次の文章を読み，各問いに答えよ。

　日本の天気は１年を通じて変化に富み，四季によって明瞭な違いがあることが，その特徴である。春には，（　あ　）と（　い　）が交互に日本列島を通過し，寒暖をくり返しながら暖かくなる。立春以降に（　あ　）が日本海側に入ると，温暖な強い（　う　）風が吹く（　え　）が発生する。６月中旬になると（　お　）高気圧と（　か　）高気圧の間に（　き　）が停滞し，ぐずついた天気が続く。夏には，日本列島は広く（　お　）高気圧に覆われて，蒸し暑い日が続く。秋に大陸側の高気圧が強くなってくると，（　く　）が停滞し長雨をもたらす。また，太平洋上で生じた（　け　）が発達した台風が，日本列島に接近したり上陸したりして大きな被害をもたらすことがある。冬には，日本列島の周辺は西高東低の気圧配置になり，冷たい北西風が吹き込み，山地の（　こ　）側で雪を降らせる。

問１　文章中の空欄（　あ　）〜（　こ　）にあてはまる語句を答えよ。

問２　下線部の天気図を次の①〜④から１つ選べ。　　（14　センター試験本試, 16　信州大　改）

① 　② 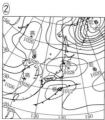　③ 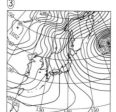　④

202. [知識] **四季の天気**●次のA～Cの高気圧と関係の深いものを，以下の(1)～(6)からそれぞれ 2つずつ選べ。

A　太平洋高気圧　　　　B　オホーツク海高気圧　　　C　シベリア高気圧

(1)　低温・湿潤　　　　　　(2)　高温・湿潤　　　　　　(3)　低温・乾燥

(4)　等圧線の間隔が広い　　(5)　北日本の冷害　　　　　(6)　日本海側の豪雪

(16　福岡大　改)

203. [知識] **気象災害**●気象災害に関する次の各問いに答えよ。

(1)　集中豪雨やそれに伴う災害についての記述として，**適当でないもの**を次の①～④のうちから1つ選べ。

　　①　天気図のみからでは，降雨の場所の予測が難しい場合がある。

　　②　集中豪雨による災害は，日本では冬季に多く発生している。

　　③　下水道や地下の施設に大量の水が流れ込んで災害を起こすことがある。

　　④　河川の水位が急激に上昇することがある。

(2)　台風によって高潮が引き起こされる要因，または高潮による水位上昇がより深刻な被害につながる要因として**適当でないもの**を，次の①～④のうちから1つ選べ。

　　①　台風による気圧低下のため，海面が吸い上げられる。

　　②　台風による強風によって，海水が沿岸に吹き寄せられる。

　　③　高潮による水位上昇を，海陸風がさらに増大させる。

　　④　高潮の発生が満潮時と重なる。　　　(11　センター試験本試，23　共通テスト追試　改)

204. [知識] **土砂災害**●土砂災害について述べた文として**適当でないもの**を，次の①～④のうちから1つ選べ。　　　　　　　　　　　　　　　　　　　　　(23　共通テスト追試　改)

　　①　土砂災害は大雨だけでなく，地震や火山噴火などでも引き起こされる。

　　②　土石流は，大小さまざまな大きさの粒子が，水とともに流れる現象である。

　　③　地すべりが発生すると，続いてその場所で液状化（液状化現象）が引き起こされる。

　　④　大雨の後は，雨が止んだ後も土砂災害への注意が必要である。

205. [知識] **地震災害**●地震災害に関する次の各問いに答えよ。

(1)　津波について述べた文のうち，正しいものを次の①～④のうちから1つ選べ。

　　①　津波はアルファベットで「tsunami」と表記し，国際的に通じる。

　　②　津波のエネルギーは減衰しやすく，遠くまでは届かない。

　　③　震央付近で震度が大きい場合，必ず津波が発生する。

　　④　リアス海岸のような地形の場合，津波の高さが低くなる傾向がある。

(2)　地震災害に関する次のa・bの文の正誤を答えよ。

　　a　地盤が固い場所ほど地震による揺れ（地震動）が増幅されやすい。

　　b　津波が沖合から海岸に近づくと，津波の高さは高くなる。

(17　弘前大，20　センター試験本試)

思考

206. 火山噴火の予測 ●古い記録を調べることで，噴火の頻度などの情報を増やせる。右図からわかることを述べた文として最も適当なものを，次の①～④のうちから1つ選べ。

① 最後の噴火記録から現在まで，300年以上経過している可能性がある。

② この火山は，700年代から1000年代にかけて噴火活動が比較的盛んだったが，その間の噴火回数の合計は13回を超えない。

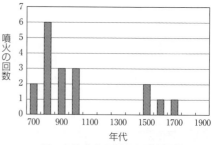

図 ある火山の過去の噴火記録

③ 噴火の回数が多い時期には，それに比例して，各回の噴火の爆発規模も大きくなっている。

④ この火山は，700年代より前に噴火したことがない。

（13 センター試験本試）

思考 **論述**

207. 火山災害 ●火山災害に関する次の文章を読み，文章中の空欄（ a ）～（ e ）に適切な語句を下の語群から選べ。また，問いに答えよ。

火山噴火はそのもととなるマグマの性質によって，噴火の様式が異なる。雲仙普賢岳の火山活動では，1991年5月末に火口付近に大きな（ a ）が形成され，6月3日にはこれが崩壊して大規模な（ b ）が発生し，多数の人命を奪う大災害が生じた。

火山活動によって噴出し，堆積した物質が（ c ）を含むことで，重力に引かれて斜面を流下し山麓の町に災害をもたらす場合もある。コロンビアのネバド・デル・ルイス火山（標高5300m）では，1984年9月から始まった火山活動に伴い，翌年の1985年11月に本格的な噴火が生じた。このときに発生した（ b ）と山頂付近に蓄積していた（ d ）とが反応して大規模な（ e ）を流下させることとなった。そのため，この直撃を受けたアルメロの街では死者が2万人以上となり，20世紀における2番目に大きな火山災害となった。

〔語群〕 火山泥流，火砕流，溶岩流，大気，地殻，粉塵，水，砕屑物，雪氷，火山ガス，溶岩，盾状火山，火砕丘，溶岩ドーム

問 空欄(b)の現象について説明した次の文の空欄を，25字以内で埋めて完成させよ。

『高温の＿＿＿＿＿＿＿＿＿＿＿＿＿＿現象』

（20 島根大 改）

知識

208. 自然災害 ●日本の自然環境と災害を引き起こす自然現象について述べた文として，最も適当なものを次の①～④のうちから1つ選べ。

① 海溝では，プルームの上昇によって巨大地震が周期的に発生する。

② 梅雨の時期に活発化した前線が停滞すると，集中豪雨が起こりやすい。

③ 火山のハザードマップには，次に噴火が起こる年と月が示されている。

④ 液状化（液状化現象）は，硬い地盤で起こりやすい。

（17 センター試験本試）

発 展 問 題

209. 【知識】**四季の天気** 次にあげる，日本でみられる現象A～Dの原因と最も関係の深い記述はどれか。以下の①～⑦のうちからそれぞれ1つずつ選べ。

A 春一番 B 夏の午後に発達する雷雲 C 秋晴れ D 冬の北西季節風

① 地表面が日中の強い日射で局所的に加熱され，大気が不安定になる。

② 海岸付近では，1日周期で向きが反転する風が吹く。

③ 梅雨前線に沿って，小型の低気圧が発生する。

④ 山を越えた空気塊の気温は，高くなることがある。

⑤ 前線を伴った温帯低気圧が，発達しながら日本付近を通過する。

⑥ 大陸上の気温と海洋上の気温の差によって，広範囲の風が生じる。

⑦ 移動性高気圧の圏内では，弱い下降気流が生じる。

210. 【思考】**台風災害** 以下の文章を読んで，次の各問いに答えよ。

太平洋北西部で発生した（ あ ）低気圧のうち，最大風速が約（ い ）m/s以上に発達したものを台風と呼ぶ。台風が日本列島を通過するとき，気圧の低下による海面の（ う ）作用や，強風による海水の（ え ）作用によって，海岸付近の海面が異常に高くなる（ お ）という現象が起きることがある。

図1は，北上しながら鹿児島市の近くを通過した台風Aと台風Bの経路を示している。台風が図1のような経路をとるとき，台風の中心に対して（ か ）の方位にある南に開いた湾で（ お ）の被害が起きやすい。また，台風中心部の接近と潮汐が（ き ）になる時間帯が重なると，海面がより一層高くなる。

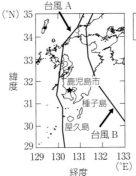

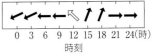

図2 鹿児島市における3時間ごとの風向

方位は，図1と同じで，白抜きの矢印は，台風が鹿児島市に最接近した時刻の風向を示す。

図1 鹿児島市に接近した台風の経路

問1 文章中の空欄（ あ ）～（ き ）にあてはまる最も適当な語句または数値を，次の語群から選べ。

津波 満潮 干潮 高潮 風浪 温帯 熱帯
押し下げ 吸い上げ 吹き寄せ 東 西 南 北
14 17 19

問2 鹿児島市に台風が通過した間の3時間ごとの風向変化を図2に示した。台風が鹿児島市に最接近した時刻の風向は，白抜きの矢印で示した。鹿児島市での風向が図2のように変化する台風の経路は，図1の台風Aと台風Bのいずれの場合か。

(20 鹿児島大)

211. 地震災害 ■緊急地震速報と津波に関する次の各問いに答えよ。

問1 次の①～③の記述のうち，正しいものを**すべて**選び，記号で答えよ。

　① 緊急地震速報は，地震が発生する前に発表される。

　② 津波の伝わる速さは，水深が深いほど速い。

　③ 地震で発生した津波は，必ず引き波から始まる。

問2 津波は，地震以外の原因でも発生する。その原因を**2つ**答えよ。　（20　千葉大　改）

212. 火山災害 ■マコトさんとヒトミさんは，火山の防災マップを入手し，噴火による被害について話し合った。次の会話文を読み，下の各問いに答えよ。

マコト：噴火が想定されている火口から遠いほど安全だよね。だから，被害予想区域は，火口を中心とする円形の範囲だと思っていたけれど，防災マップを見ると必ずしもそうではないね。

ヒトミ：火山の噴出物には，火山灰や火山弾，溶岩，火山ガスなどがあるわよね。これらのうち，粘性の低い溶岩の流れの向きは（　ア　）によって大きく影響されるし，火山の上空に噴き上げられた火山灰の移動は，気象条件に左右されるわよ。

マコト：だから，火山の噴出物による被害予想範囲は単純な円形ではないんだね。

ヒトミ：そのほか，高温の火山ガスが大量の火山灰や溶岩の破片を巻き込んだりして，火山の斜面を高速で流れ下る（　イ　）があるわ。

問1 会話文中の空欄ア・イに入れる語の組合せとして最も適当なものを，次の①～⑨のうちから1つ選べ。

	ア	イ		ア	イ		ア	イ
①	地　形	火砕流	②	地　熱	火砕流	③	地下水	火砕流
④	地　形	土石流	⑤	地　熱	土石流	⑥	地下水	土石流
⑦	地　形	溶岩流	⑧	地　熱	溶岩流	⑨	地下水	溶岩流

問2 会話文に関連して，2人はある火山の噴火活動直後の単位面積あたりの降灰量を示した図を入手した。右図からわかることを述べた文として**適当でないもの**を，次の①～⑤のうちから1つ選べ。

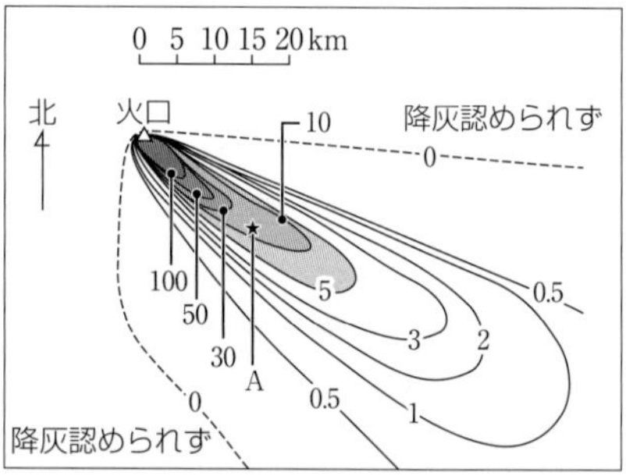

ある噴火における降灰量（kg/m²）の分布

　① 噴火時には，火口の上空でほぼ北西の風が吹いていたと考えられる。

　② 火口から5km以内の距離でも，降灰のなかった地域がある。

　③ 降灰量は，A地点から南東方向に離れるよりも，南西方向に離れる方が急激に変動する。

　④ 降灰量が5kg/m²以上の地域の面積は，1000km²を超えない。

　⑤ 火口から10km以上離れた地域では，降灰量は10kg/m²を超えない。

（13　センター試験本試）

チャレンジ問題 ⓬ 「地学」に挑戦 challenge

▶▶フェーン現象

　Aから上昇する空気は，乾燥断熱減率（約1℃/100m）で温度が下がる。凝結高度Bに達すると，湿潤断熱減率（約0.5℃/100m）で温度が下がる。山頂Cを越えるまでに降雨によって，空気中の水分が失われる。風下側に吹き下りるときに雲が消えて乾燥断熱減率で

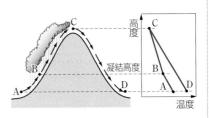

温度が上がると，Dでは，乾燥した高温の風となる。このような現象をフェーン現象という。フェーン現象は，空気の乾燥と強風を伴う場合が多く，火災への厳重な注意が必要となる。

　凝結高度Hは，Aでの気温Tと露点tによって決まり，上昇とともに水蒸気圧が変化することも考慮に入れると　$H=125(T-t)$　という式で表される。

[知識]
フェーン現象◆図は，空気塊の移動のようすを模式的に表したものである。以下の各問いに答えよ。

問1　地点Aを通過した20℃の空気塊が，標高1400mの地点Bで雲を形成した。地点Bでの空気塊の温度は何℃か。

問2　地点Bのように，雲が形成される地点の高さを何というか。また，地点Aでの露点は何℃になるか。ただし，空気塊の上昇に伴い水蒸気圧も変化するものとする。

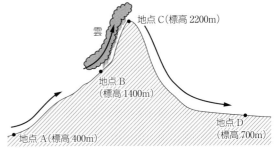

図中の矢印は，空気塊の動きの向きを示す。
地点Bから地点Cにかけて雲が発生し，雨が降った。

問3　地点Bから標高2200mの地点C（山頂）までは，雲が形成され続けた。地点Cでは，この空気塊の温度は何℃になるか。

問4　地点A－B間に比べ，地点B－C間の同じ高さでの温度の変化量は小さくなる。これは空気塊の何が影響することによるものか。

問5　山頂を越えるとすぐに雲は消えた。この空気塊が風下側の地点D（標高700m）にたどり着いたとき，空気塊の温度は何℃になるか。

（18　信州大　改）

特別演習 —思考力・判断力を養う問題—

213. 地球の測定　アユミさんが先日読んだ本に，次のような内容が書かれていた。

> 江戸時代の天文学者である高橋至時は，子午線1°の長さを実測によって求め，地球を完全な球と考えてその全周（地球の周りの長さ）を計算しようと考えた。彼の監督の下，1800年に弟子の伊能忠敬による測量事業が開始した。忠敬は，蝦夷地ほか複数地域の測量結果から，(a) 子午線1°の長さを28.2里（約110.75km）と算出した。その数年後，至時はオランダの天文書を入手し，(b) 地球は楕円体であることを知るとともに，北緯38°における子午線1°の長さが忠敬の測量値とぴったり一致していると算出した。

アユミさんは，伊能忠敬が蝦夷地の測量から16年かけて日本全国を歩測し，正確な日本地図をつくり上げたことから，歩測や測量に興味をもった。鹿児島市に住む彼女は，鹿児島市とほぼ南北の位置関係にある福岡市に住む従姉妹と協力して，以下のような内容で地球全周の長さを調べることにした。

1. (c) 同日に2都市で長さ1mの棒を垂直に立て，太陽が南中時の影の長さを測定する。
2. 1から，南中時の太陽と天頂*の間の角度（太陽の天頂角）を求める。
3. 地図上で，2都市間の距離を計測する。（⇒福岡市－鹿児島市間の距離…約230km）
4. 2・3から，地球全周を比で求める。　　　＊天頂…観測者の真上（高度90°）

(1)　下線部(a)・(c)について述べた文の組合せとして適当なものを，①～④から1つ選べ。
　ア　伊能忠敬が見積もった地球の全周は，実際の地球の全周と比較して約0.3%大きい。
　イ　伊能忠敬が見積もった地球の全周は，実際の地球の全周と比較して約0.3%小さい。
　ウ　太陽は地球からはるかに離れているので，2地点に到達する太陽光線は平行になる。
　エ　太陽は地球よりもはるかに大きいので，2地点に到達する太陽光線は平行になる。
　　①　ア・ウ　　　②　ア・エ　　　③　イ・ウ　　　④　イ・エ

(2)　下線部(b)について，惑星が楕円体である原因は，惑星の自転による遠心力である。火星の赤道半径を3396km，極半径を3376kmとすると，偏平率はいくらか。また，地球の偏平率は $\frac{1}{298}$，土星の偏平率は $\frac{1}{10}$ である。地球・土星・火星のうち，最も球形に近い形をしている惑星はどれか。火星の偏平率と球形に近い惑星の組合せとして適当なものを，次の①～④から1つ選べ。

	火星の偏平率	球形に近い惑星		火星の偏平率	球形に近い惑星
①	$\frac{1}{170}$	地球	②	$\frac{1}{170}$	土星
③	$\frac{1}{370}$	火星	④	$\frac{1}{370}$	土星

(3)　測定の結果，福岡市では南中時の影の長さが41.4cm，鹿児島市では37.4cmであった。この結果から太陽の天頂角を求めると，それぞれ鹿児島市20.5°，福岡市 ＿A＿ であった。したがって，地球全周は41400kmと求められた。＿A＿ にあてはまる数値として最も適当なものを，次の①～④から1つ選べ。
　①　16.5°　　　②　18.5°　　　③　22.5°　　　④　24.5°

(16　熊本大，14　センター試験本試　改)

214. 火山砕屑物の観察 美砂さんは，地学の授業でさまざまな火山噴出物を観察した。これは，彼女が授業中に書いた標本カードの一部である。

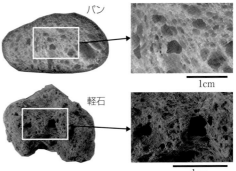

パン

1cm

軽石

1cm

標本 No.1　軽石
・穴がたくさん開いていて，軽い。
・白っぽい（薄い）色をしている。

(1) 軽石は，美砂さんの母が休日につくるパンの内部に似ていた（上図）。彼女は，「軽石に穴がたくさん空いている理由を考えるとき，パン内部の穴のでき方が参考になるのでは？」と考えた。図書館で調べると，パンではイースト（酵母）の発酵で生じた CO_2 が膨張することで，内部にたくさんの穴をつくることがわかった。美砂さんは，「マグマの中でも，何かが膨張して軽石にたくさんの穴をつくったのだろう」と考えた。下線部について，マグマでは主に何が膨張して軽石にたくさんの穴をつくるのか。最も適当なものを，次の①～④から1つ選べ。

① 噴火時に火口で取り込まれた空気　② マグマに含まれる水蒸気などのガス成分
③ マグマに含まれる SiO_2 成分　④ マントルに含まれていた原始大気

(2) 観察した標本には，軽石と似た特徴をもつスコリアもあったが，軽石よりも色が暗く，穴の数も少なかった。スコリアの特徴として適当なものを，次の①～④から1つ選べ。

① 流紋岩質溶岩とともに噴出する　② 紡錘形や涙形など特定の外形をもつ
③ 軽石よりも含まれる SiO_2 の割合が低い　④ 軽石よりも密度が小さい

(3) 右図は，美砂さんの住む地域の火山防災マップ（ハザードマップ）である。図から読み取れる情報を述べた文として**適当でないもの**を，次の①～④から1つ選べ。

① 地点アの農地では，降灰によって農作物に被害が出る可能性がある。

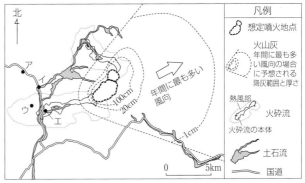

北

凡例

想定噴火地点

火山灰
年間に最も多い風向の場合に予想される降灰範囲と厚さ

熱風部

火砕流

火砕流の本体

土石流

国道

ア
イ
ウ
エ

100cm
20cm
1cm

年間に最も多い風向

0　　　5km

自治体の資料をもとに作成

② 地点イの国道では，火山噴火後にも土石流によって通行が妨げられる場合がある。

③ 地点ウの家屋は，火砕流による熱風で消失する可能性がある。

④ 地点エの家屋は，土石流よりも火砕流の被害を受けて損壊する可能性が高い。

（07　センター試験本試，17　センター試験本試　改）

215. 海面温度分布の特徴　ジオくんは夏休みの課題研究で，海面温度分布の特徴を調べ，ポスターにして発表しようとしている。次の各問いに答えよ。なお，ポスター中の □□□ の箇所は問題のために伏字にしてある。

海面温度の分布の特徴

世界の海面温度を調べると図1のようになっていた。

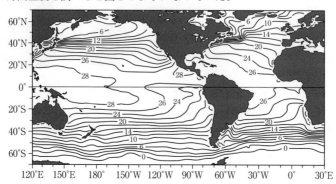

図1　海面温度の分布

地学基礎の授業では，地球全体では □□□ の地域では高温となり，□□□ の地域では低温となる傾向があると学習したので，□□□ の緯度分布についても調べてみた。（図2）

図1を見ると，水温の等温度線は必ずしも東西方向ではない。北緯30度付近では，等温度線が（　ア　）－（　イ　）方向に傾いている。これは，<u>環流</u>の（　ウ　）側では暖かい海水が運ばれ，環流の（　エ　）側では冷たい海水が運ばれるためだと考えられる。

---

(1)　図2は海水温分布の特徴を説明するために，ジオくんが調べたグラフである。図2のグラフとして最も適したものを，次の①～③から1つ選べ。

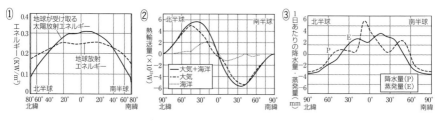

(2)　文章中の空欄（　ア　）～（　エ　）には方角が入る。それぞれ8方位で答えよ。

(3)　文章中の下線部について，宇宙や地球には環流のように回転している現象が数多くある。北緯30度付近の環流と同じ向きに回転している現象を，次の①～④から1つ選べ。
　　①　北から見た地球の公転　　　　　　②　北から見た地球の自転
　　③　北半球の高気圧の吹き出す向き　　④　北極から見た偏西風

（12　東京大　改）

216. 地球型惑星の大気の鉛直構造　先生とジオくんの会話文を読み，次の各問いに答えよ。

先生：地球型惑星の大気には違いがあることを知っていますか？

ジオ：はい。水星にはほとんど大気は存在せず，地球，火星，金星の大気組成はこの表の
　　　ようになっています。

気体名/惑星名	地球	火星	金星
窒素	78.08	2.7	3.5
酸素	20.95	0.3	微量
アルゴン	0.93	1.6	微量
二酸化炭素	0.04	95.3	96.5
水（水蒸気）	0～3*	微量	0.1以下
大気圧	1 気圧	0.006気圧	92気圧

＊変化する。

先生：よく調べましたね。では，それぞれの惑星の気温の鉛直分布について考えてみましょう。まず，地球はどのようになっていますか？

ジオ：地球の場合，対流圏と中間圏では上空ほど気温が低くなり，成層圏と熱圏では上空
　　　ほど気温が高くなっています。

先生：成層圏で上空ほど気温が高くなるのはなぜか知っていますか？

ジオ：（　　1　　）

先生：さすがですね。では，金星と火星の気温の鉛直分布はどうなっていますか？

問1　（　　1　　）に入るジオくんの答えとして最も適当なものを，次の①～④から1つ選べ。

①　二酸化炭素が赤外線を吸収するからです。

②　大気中の水蒸気が凝結するからです。

③　オゾンが紫外線を吸収するからです。

④　酸素原子や窒素原子が，紫外線やX線を吸収するからです。

問2　火星と金星の気温の鉛直分布を表すグラフとして最も適当なものを，次の①～④から1つずつ選べ。なお，気圧は高度と対応しており，グラフ中の●は地表での気圧と気温を表している。

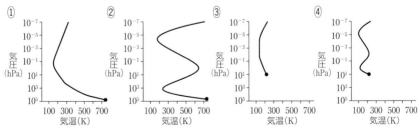

問3　地球の衛星である月の内部構造は地球型惑星とよく似ている。月の大気の特徴は，
　　　どの地球型惑星と最も似ているか。次の①～④から1つ選べ。

①　水星　　　　②　金星　　　　③　地球　　　　④　火星

（19　センター試験本試　改）

217. 露頭の観察　地学の授業で，学校近くの道路沿いにある露頭A〜Dを観察した(右図)。観察した結果は以下のとおりである。これらの図と記述をもとに，下の各問いに答えよ。

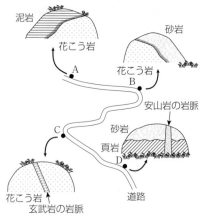

・露頭A…泥岩にはビカリア化石が含まれる。
・露頭C…花こう岩体に玄武岩の岩脈が貫入している。
・露頭D…安山岩の岩脈の数値年代は6600万年前。頁岩(泥岩の一種)の上位の砂岩層には基底礫岩がみられ，下位の頁岩の礫が含まれる。頁岩は傾斜していて，砂岩層は水平である。頁岩にはイノセラムスの化石が含まれる。
・露頭A・B…泥岩または砂岩が花こう岩と接している部分(図の灰色部)で再結晶している。
・露頭A・B・Cの花こう岩，露頭B・Dの砂岩は，含まれる鉱物や化石から同一のものである。

　授業後，校内のさまざまな場所に石組(自然岩石を組合せたもの)や石碑があることに気が付き，岩相(色や組織など)を観察してみることにした。石碑はよく磨かれてツルツルとしていたが，石組は風化が進んでいた。写真1〜4はそれらを撮影したものである。

半透明の鉱物が突き出ている。

写真1　火成岩

緻密で赤褐色。一部層状で硬い。

写真2　堆積岩

大きさがそろった半透明の鉱物，赤い鉱物，少量の黒い鉱物を含む。

写真3　火成岩

緑色。同じ方向に筋がみられる。

写真4　変成岩

問1　この地域の地質について述べた文として最も適当なものを次の①〜④から1つ選べ。
　　① 露頭A・Bともにホルンフェルスがみられる。
　　② 露頭Cの花こう岩体には，Caに富む斜長石が多く含まれる。
　　③ 露頭Dの頁岩と砂岩の関係は平行不整合である。
　　④ 露頭Dの頁岩には，三葉虫が含まれている可能性がある。

問2　この地域の地史について，次の①〜⑥を時代の古い順に並べかえよ。
　　① 砂岩の堆積　　　　② 泥岩の堆積　　　　③ 頁岩の堆積
　　④ 花こう岩体の貫入　⑤ 玄武岩脈の貫入　　⑥ 安山岩脈の貫入

問3　写真の岩石について説明した文①〜④のうち，下線部が誤っているものを1つ選べ。
　　① 写真1は，風化しにくい鉱物が斑晶となっているケイ長質の火山岩である。
　　② 写真2が赤褐色なのは，不純物として酸化鉄が含まれているからである。
　　③ 写真3は，赤色の鉱物が多いので，苦鉄質の深成岩である。
　　④ 写真4は，鉱物が一定方向に配列した広域変成岩である。　　　　(16　東北大　改)

写真提供：気象庁，国立天文台/JAXA，NASA

新課程版 セミナー地学基礎

2022年1月10日　初版　第1刷発行
2025年1月10日　初版　第4刷発行

編　者　第一学習社編集部

発行者　松本　洋介

発行所　株式会社 第一学習社

広島：広島市西区横川新町7番14号　　　〒 733-8521　☎ 082-234-6800
東京：東京都文京区本駒込5丁目16番7号　〒 113-0021　☎ 03-5834-2530
大阪：吹田市広芝町8番24番　　　　　　　〒 564-0052　☎ 06-6380-1391

札　幌 ☎ 011-811-1848　　仙台 ☎ 022-271-5313　　新　潟 ☎ 025-290-6077
つくば ☎ 029-853-1080　　横浜 ☎ 045-953-6191　　名古屋 ☎ 052-769-1339
神　戸 ☎ 078-937-0255　　広島 ☎ 082-222-8565　　福　岡 ☎ 092-771-1651

訂正情報配信サイト 47352-04
利用に際しては，一般に，通信料が発生します。

https://dg-w.jp/f/8c50c

47352—04

■落丁，乱丁本はおとりかえいたします。

ホームページ
https://www.daiichi-g.co.jp

ISBN978-4-8040-4735-5

自然災害から身を守る

『地学基礎』では，さまざまな自然災害について学ぶ。
実際に災害にあったとき，私達はどのような行動をとればよいのだろうか。
誰でも被災する可能性のある，地震や台風・豪雨などの風水害について確認しておこう。

地震

地震はいつ発生するか予測できない。緊急地震速報を見聞きしたり，
地震の揺れを感じたりしたら，まず身の安全を確保し，
揺れがおさまってから落ちついて避難を始める。

屋内　学校内では，先生や放送の指示にしたがって行動する。

▶姿勢を低くして机やテーブルの下に隠れる。
▶あわてて外に飛び出さない。
▶天井や棚からの落下物やガラス窓に注意する。
▶家具など倒れやすいものから離れる。
▶窓や戸を開けて出口を確保する。
▶揺れがおさまったら火を消す。

外出中　屋外では落下物に注意し，かばんなどで頭部を守ることが重要。

人が多い施設では

▶係員や館内放送の指示にしたがう。
▶あわてて出口に走り出さない。

鉄道・バスでは

▶つり革，手すりに
しっかりつかまる。

エレベーターでは

▶最寄りの階に停止させ，すぐに降りる。

屋外では

▶自動販売機やブロック塀の倒壊に注意。
▶看板やガラスの落下に注意する。

津波

震源が海や海の近くの場合，
津波が発生する可能性がある。遠隔地で発生した地震の津波が
日本まで伝わり，被害を与えることもある。

▶海岸や海の近くで地震にあったら，急いで安全な高い所へ避難する。
　「より遠くへ」ではなく，「より高い」所へ逃げることが重要。
▶津波はくり返し襲ってくるので，警報・注意報が解除されるまで，避難場所から動かない。いったん波がひいても，絶対に戻らない。
▶津波注意報でも，絶対に海岸には近づかず，海水浴や釣りなども行わない。
▶津波は川をさかのぼるので，海から離れた場所でも，川には絶対に近づかない。
▶車は渋滞する可能性があるため使用せず，徒歩で避難する。
▶海水浴場などで津波フラッグを見かけたら
　すみやかに避難する。